不要成为另一只刺猬

与暴脾气相处的十个办法

[美] 瑞安·马丁
（Ryan Martin） —— 著
戴治国 张昱 —— 译

中国科学技术出版社
·北京·

How to Deal with Angry People
All Rights Reserved
Design and typography copyright © Watkins Media Limited 2022
Text Copyright © Dr Ryan Martin 2023
First published in the UK and USA in 2023 by Watkins, an imprint of Watkins Media Limited
Simplified Chinese rights arranged through CA-LINK International LLC (www.ca-link.cn).

北京市版权局著作权合同登记 图字：01-2024-0642

图书在版编目（CIP）数据

不要成为另一只刺猬：与暴脾气相处的十个办法 /（美）瑞安·马丁(Ryan Martin) 著；戴治国，张昱译 .
北京：中国科学技术出版社，2025.1（2025.6 重印）.
ISBN 978-7-5236-1116-6

Ⅰ . B842.6

中国国家版本馆 CIP 数据核字第 2024XE8176 号

策划编辑	赵　嵘　王绍华	执行策划	王绍华
责任编辑	赵　嵘	执行编辑	王绍华
封面设计	仙境设计	版式设计	蚂蚁设计
责任校对	吕传新	责任印制	李晓霖

出　　版	中国科学技术出版社
发　　行	中国科学技术出版社有限公司
地　　址	北京市海淀区中关村南大街 16 号
邮　　编	100081
发行电话	010-62173865
传　　真	010-62173081
网　　址	http://www.cspbooks.com.cn

开　　本	880mm×1230mm　1/32
字　　数	158 千字
印　　张	8.125
版　　次	2025 年 1 月第 1 版
印　　次	2025 年 6 月第 2 次印刷
印　　刷	大厂回族自治县彩虹印刷有限公司
书　　号	ISBN 978-7-5236-1116-6/B·199
定　　价	59.00 元

（凡购买本社图书，如有缺页、倒页、脱页者，本社销售中心负责调换）

致我出色的孩子们——

莱斯与托宾,

是你们让每一天都更加美好。

CONTENTS 目录

引言　001

第一部分
剖析愤怒的根源 —— 017
PART 1

第一章　愤怒的人和正在愤怒的人　019
第二章　理解愤怒者的生理学基础　040
第三章　情绪教养　059
第四章　愤怒的传染性　078
第五章　易怒者的世界观　096

第二部分
与愤怒者打交道的十大策略 —— 119
PART 2

第六章　策略一：厘清你的真正诉求　121
第七章　策略二：保持沉着冷静　133
第八章　策略三：识别愤怒的多种形式　148
第九章　策略四：站在他人的角度分析愤怒事件　161
第十章　策略五：判断愤怒的是非曲直　174

第十一章　策略六：与拒绝沟通者重新展开对话　188

第十二章　策略七：在网络世界中驯服愤怒　199

第十三章　策略八：避免人身攻击　213

第十四章　策略九：懂得适时抽身　223

第十五章　策略十：整合所有策略巧妙运用　237

参考文献　247

安全说明

请牢记：学习如何与生气的人相处，并非要你去忍受身体或情感上的虐待。你无须在一段不健康的关系里受委屈，如果感到自身安全受到威胁，请务必去一个安全的地方。

引言

问题严峻的那一刻

2021年年末的一个下午,我接到一通出乎意料的来电,让我见识到人们已然怒不可遏。来电者是一位图书馆管理员,她从朋友那里了解了我的工作,想知道我能否培训她的员工如何应对难缠的读者。

"您能具体说说发生了什么事吗?"我问道。

"我们遇到了来自顾客的实实在在的问题,"她回答道,"员工被愤怒甚至具有攻击性的读者搞得心力交瘁,我们想学习一些应对之策。"之后,她又描述了员工如何面对图书馆里"充满敌意"的读者,希望能借助一些策略帮助员工将此类互动"去个人化",并能化解类似的紧张局面。

就是在那一刻,我意识到问题有多严重。在这之前,我已经接到不少媒体的采访邀约,要我谈谈公路暴怒(road rage)、航班上不守规矩的乘客、校园斗殴等话题。当时我们还处于新冠疫情中,在许多公共场所要戴口罩、保持社交距离,这些要求必然引发了不愿戴口罩、觉得疫情已不再严重的人的极大愤怒。空乘人员遭到乘客叫骂甚至殴打的报道屡见不鲜，❶航空公司不得不出台新的政策和处罚措施，以期将这些愤怒所引发的暴力事件降到最低。

然而出于某种原因，在图书馆发生的这种情况对我而言略有不同。我从没对图书馆管理员生过气，恰恰相反，我与他们的互动一直都很愉快。我在大学与不少图书馆管理员共事，他们是我非常好的同事。我的孩子们小时候周末常去图书馆，从未出现过任何问题。坦白讲，请原谅我的刻板印象，但我接触过的图书馆管理员给我的印象都是非常善良、乐于助人的。

所以当接到那个电话时，我的第一反应是：不是吧！我们怎么会沦落到对图书馆管理员大吼大叫的地步？❷当然，我从不想仅凭自己的看法来评判，于是决定查查看，认为图书馆管理员友善的是不是只有我一个人。结果发现，并非如此。至少在2013年，[1]绝大多数的美国人都很喜爱图书馆——94%的受访者认为图书馆让人感到温暖和友好，另有91%的人表示"他们个人使用公共图书馆时从未有过负面经历"。老实说，对图书馆的欣赏似乎是美国人为数不多的共

---

❶ 在过去的两年里，类似的事件已发生多起。有一次，一名乘客连扇空乘两巴掌，把她的鼻子打骨折了。还有一次，一位空乘人员被乘客打了好几拳，牙齿都被打掉了好几颗。

❷ 挂断那通电话后，我就此事询问了一位图书馆管理员朋友，她说就像其他服务性工作一样，她有时不得不应付愤怒的读者。她还表示，和给我打电话的人一样，她也感受到了敌意的上升。

识之一。

由此看来，可能发生了以下三种情况之中的一种：

第一，自2013年以来风向变了，图书馆不知何故成了引发强烈不满的源头，导致人们对图书馆管理员充满敌意。我对此表示怀疑。

第二，那6%不认为图书馆是温暖、友好地方的美国人是滋生许多愤怒和攻击行为的源头。我也不这么认为。

第三，很多人虽然视图书馆为温暖友好之地，但当事情不如己愿时，仍会失控。我十分确定就是这种情况。

从那以后，有关如何应对生气的人的媒体采访和培训邀约变得愈发频繁。尤其是服务业从业者，他们普遍告诉我，面对他人的敌意，他们已然崩溃。看来，我们当下正处于一个充满敌意的特殊时期。虽然没有可以衡量全球愤怒水平的指标，但一些数据表明，至少在美国，人们现在的愤怒情绪尤为高涨。据报道，公路暴力事件，包括与之相关的枪击案频发，[2]美国各地的教师都反映校园暴力有所增加，[3]各行各业的服务提供者都反馈顾客愈发愤怒。总的来说，人们现在情绪激动，似乎没有任何迹象表明大家会很快冷静下来。

与愤怒者打交道的两种方式

在生活中，我们会以两种方式与愤怒的人打交道。第一种方式是像前文那样，在这些一次性的互动中，某个陌生人会因为我们的工作表现、开车方式或其他一些他们觉得我们阻碍了他们的目标或有对他们不公不敬的地方而对我们发火。对方可能是我们工作单位的客户、在公共活动中遇到的人，或是我们后面车里的司机。我们不了解他们的背景，甚至不知道他们当天早些时候经历了什么。我们不清楚他们是一贯易怒还是恰巧在倒霉的日子被我们撞见了。我们只知道，此时此刻，我们正面对他们的怒火，而互动一旦结束，我们可能永远不会再见到他们。

不过，我们与愤怒者打交道的第二种方式要复杂得多。这不是一次性的会面，而是经常互动，甚至每天都会碰到的人。有的人生性易怒，在生活中频频与我们发生联系。这可能是我们的老板，我们的朋友、配偶、兄弟姐妹或父母，甚至是我们的孩子。

关于愤怒的事实 | 大约三分之一的人说他们的至亲好友中有人有关于愤怒的问题。[4]

谁适合阅读本书

本书适合所有正在应对生活中愤怒者的人。这可能包括

> 引言

因工作性质而经常遇到愤怒者的情况,也可能是你经常需要与有愤怒问题的特定人群打交道。

例如:

- 你的另一半是否经常发脾气,以一种让你不舒服的方式冲你或其他人嚷嚷?
- 你是否是一个经常发火孩子的家长?
- 作为成年人,你的父母是否仍然动辄呵斥你,言语伤人或逼得你无处可逃?
- 你的老板或同事是否动不动就冲你发火,让你工作时提心吊胆?
- 你是否有个特别容易生气的密友,他的脾气已经影响了你们之间的关系?

谁不该读本书

本书不适合正处于虐待关系中的人,以及在生活中经常遭到愤怒者身体或情感伤害的人。虐待关系的定义是"在亲密关系中,一方使用某种行为模式来维持对另一方的权力和控制"。[5]如果你正处于此种虐待关系中,我建议你放下本书,向能帮你脱离险境的人求助。

现在,我要指出一个不是所有人都认识到的重要区别。愤怒和攻击是有区别的。愤怒是一种感受状态,是一种由认为自己受到不公对待或目标受阻而引发的情绪。它极为普遍，大多数人表示自己每天或每周都会经历几次。[6]这与愤怒有时会带来的伤害行为不同。伤害行为反映的是攻击性，即一个人有意通过语言或肢体动作伤害他人的行为。

这一区别至关重要，尤其是对于本书而言。世上充满了愤怒却未必具有攻击性的人。愤怒的表达方式很多，而肢体暴力只是相对罕见的愤怒所带来的后果。

相比之下，人们更有可能遭受其他一些后果，比如愤怒爆发后感到害怕或悲伤；卷入口角争端、损毁财物、危险驾驶或借酒浇愁等。你所接触的愤怒的人，可能不会虐待你或任何人，但这并不意味着与他们相处就轻而易举。他们仍然会对你的生活产生极大的负面影响，让你感到筋疲力尽、不堪重负、焦虑不安，甚至也变得愤怒。

准备不足和不确定

我是一名心理学教授，研究愤怒和其他情绪已逾20年。我开展了有关愤怒的健康和不健康的表达方式的研究，讲授过愤怒和其他情绪的课程。在职业生涯早期，我还为愤怒的来访者提供过临床咨询服务。我还特意通过研究实践和社交媒体与人们建立联系，以更好地了解愤怒者以及那些经常不得不与愤怒者共处的人的切身经历。

引言

在一个抖音（TikTok）系列视频走红后，我决定写本书。"如何应对生气的人"这个系列视频引发了观众的强烈共鸣，让我感觉人们确实迫切需要这方面的信息。我收到了成千上万个评论和问题，Buzzfeed[7]❶ 和 Bored Panda[8]❷ 网站还就此系列做了报道。从评论和问题中明显可以看出，在这个领域，人们感到准备不足并心存疑虑。他们提出了一些发人深省的问题，比如：如果对方纠缠不休，我们该如何抽身？当愤怒的人不愿与我们沟通时，我们该怎么办？如果他们不是对我们生气，但我们却要承受他们对他人的愤怒，那该如何是好？

这些和其他类似的问题确实耐人寻味、发人深省、引人入胜，我以此为参考，将其纳入本书。这些问题帮助我更好地理解人们正在应对的各种情况，并迫使我认真思考如何帮助人们应对这些情感复杂的互动和关系。

这些线上问题还揭示了人们与愤怒的人一起工作、生活或以其他方式互动是非常常见的。英国愤怒管理协会的研究表明，大约三分之一的人有一个亲密的朋友或爱的人有愤怒问题，但这可能并没有揭示大部分的主要问题，因为它忽略了同事、老客户，甚至我们可能在街上偶然遇到的愤怒场景。愤怒问题似乎在增加。因此，即使我们自己不生气，我

---

❶ 美国的新闻聚合网站。——编者注
❷ 一个专注于分享有趣、富有创意的图片和短视频网站。——编者注

们仍然有可能经常遇到这样的人。

为了写本书，我采访了很多人。他们有些说自己很愤怒，有些则告诉我他们的生活中有一个愤怒的人（有时两者都有）。从这些采访中我们发现，愤怒的人经常出现在人们的生活中，使他们难以避免，甚至不可能从中脱离。愤怒的人可能是老板、父母、配偶、孩子，他们是可以对你行使权力的人（比如老板和父母），或有深厚感情的人（比如配偶或兄弟姐妹），与我交谈的人不觉得他们可以轻易脱离这些关系。他们觉得自己被困在了一个与愤怒的人有关的关系中，并且不知道该如何处理。

五点注意事项

在开始阅读本书之前，有五件重要的事情需要你牢记。它们构成了我理解愤怒者的世界观，对于充分利用本书至关重要。

愤怒有时是合理的

很少有人愿意听到这一点，但有时他人对我们感到愤怒是合理的。我们是人，会犯错。我们做了一些事情，无论是有意的还是无意的，都给别人带去了麻烦。我们可能阻碍了他们实现目标，或者以不公平甚至不敬的方式对待他们。愤怒本身并非一种坏的感受状态。事实上，它是人们感受到的一种健康而重要的情绪，让我们知道自己受了委屈，并为我们提供了处理这种不公平的能量。他人对我们充满愤怒可能是对我们所作所为的合理而健康的反应。

不过，这并不意味着他们对待我们的方式就是合理的。愤怒的表达方式多种多样，其中一些方式是不公平甚至是残忍的。我们可能会遇到这样的情况：我们做错了事，别人理所当然地对我们生气，但他们对待我们的方式却令人无法接受。除非我们完全愿意考虑这些复杂的情况，否则我们无法与愤怒的人有效相处。我们必须愿意并且能够坦诚相待、洞察他人，甚至展现些许脆弱。承认自己可能犯了错，在任何情况下都要承担部分责任，这需要我们付出一些情感努力，但如果我们不愿意这样做，就不会成功。

> **小贴士** 请理解，当你与一个愤怒的人在一起时，如果这段关系对你的健康不利或使你存在危险，那么你没有义务继续维持这段关系。

愤怒既是一种状态，也是一种特质

我将在第一章中详细讨论这一点，但我们需要认识到，愤怒既可以是一种情绪状态，也可以是一种人格特质。任何人都可能在特定的时刻感到愤怒。从这个意义上说，它是一种情绪状态。这是一种正常而健康的情感体验，就像悲伤、恐惧或幸福一样。与此同时，有些人比其他人更容易生气。当一个人比大多数人更频繁地感到愤怒，或者他们的愤怒比其他人更强烈时，我们就会认为他们拥有易怒的性格。对他们来说，愤怒更像是一种特质，而不仅仅是一种状态。愤怒已经成为他们个性中的一部分。

我们在其他情绪中也能看到同样的情况。你可能认识一个你认为相对焦虑的人，他比大多数人更容易感到恐惧和紧张。这并不意味着他一直处于焦虑状态，也不意味着你生活中那些不焦虑的人从不感到害怕。其他人也会感到焦虑、紧张和恐惧，只是频率没那么高。悲伤、幸福、骄傲、好奇——它们都既是情绪状态，也是人格特质。

当别人对你生气时，你可能会做出复杂的情绪反应

他人的愤怒并非处于情感真空中。当人们对你生气时，你可能会产生相应的感受。例如，你可能会用自己的愤怒来回应他们（他们怎么敢这样对我？）。你的大脑可能会浮现一些潜在的威胁结果，从而让你感到害怕。当你想到自己在激怒他们的过程中扮演的角色时，你可能会感到尴尬、羞愧，甚至是防御。

与其他情感状态相比，愤怒更可能被视为一种社会情绪。它主要发生在社交情境中，因此在任何引起愤怒的情况

下，都会存在不止一种情绪。这种情绪的动态变化使得应对愤怒变得更加复杂，应对这样的情形需要不同层次的情感洞察力和理解力。我们必须在理解和管理他人情绪的同时，理解和管理自己的情绪。

生气的人并非都是怪物

由于各种原因，生气的人通常被视为坏人。人们认为愤怒是可以控制的，而悲伤和焦虑则不然。因此，有愤怒问题的人被认为应该负责任，而抑郁或焦虑的人则不然。再加上生气的人可能会通过言语或肢体攻击伤害身边的人，最终导致人们对有愤怒问题的人产生了非常负面的看法。他们往往被评价为轻率、自私、麻木不仁和残忍。

我想稍微反驳一下这种观点。愤怒可能源自很多地方，但这些地方并非都植根于残忍或不尊重。是否有一些愤怒的人从本质上就是自恋或反社会的？是的。是否有一些人的愤怒源于一种根深蒂固的信念，认为自己高人一等，因此对他人缺乏善意？当然。这样的人确实存在，并且他们所展现的愤怒格外有毒且具有潜在危险。

但对于另一些人来说，他们的愤怒根植于其他东西。可能是伤害、恐惧，甚至是对周围世界的关切。[1] 例如，有些

---

[1] 让一些人惊讶的是，我把自己归入这一类。虽然我不太可能以敌对或攻击性的方式表达愤怒，但我发现自己经常对各种社会问题感到愤怒。

人对正义有着非常强烈的看法，以至于任何形式的不公平都会引发他们的不满。他们环顾四周，看到一个充满严重不公平的世界，他们生命中的大部分时间都对此感到愤怒。哪怕是小小的不公平，也会让他们陷入愤怒的漩涡，这并非源于缺乏关心或理解他人，而且恰恰相反，他们非常关心他人，无法接受他们目睹的一些事情。

在阅读本书时，我要请你做一件可能具有挑战性的事情。请试着以同情和理解的视角看待你生活中愤怒的人。努力从他们的角度看世界，理解塑造他们的经历。这并不意味着你应该容忍他们的敌意或忍受他们的虐待。绝非如此。我绝不会要求任何人容忍辱骂、敌对或危险的处境。这只是意味着，你要努力从他们的角度考虑这个世界，关心他们可能遭受的苦难。

> **小贴士** 当与愤怒的人保持距离颇具挑战时，尝试心理治疗不失为一个有益的方法。

有时，愤怒的人既有毒又危险

话虽如此，但我们还是需要认识到，有些生气的人会对你不利。倒不是说他们一定是坏人，而是他们存在在你的生活中可能对你的健康造成危害。通过我的访谈和社交媒体调

> 引言

研，我发现人们与我分享的大部分内容是，与愤怒的人生活在一起，尤其是那些以攻击性方式外化愤怒的人，会让人筋疲力尽，并且会对一个人的心理健康造成相当大的损害。他们告诉我，他们大部分的时间不仅要管理自己的情绪，还要设法管理这个愤怒的人的情绪。他们永远无法感到舒适或做自己，因为他们忙于阻止这颗"炸弹"引爆。

请不要把本书当作容忍虐待的指南。我最不希望看到的就是人们认为自己理应忍受敌对和攻击行为。在理想的世界里，愤怒的人会努力调节自己的情绪，这样其他人就不必承担情绪劳动了。他们会处理自己的愤怒，善待他人。我的上一本书《为什么我们会生气》就是为了帮助愤怒的人做到这一点。但问题是，并非每个愤怒的人都想减少愤怒。他们的愤怒以一种他们喜欢的方式为他们服务。他们的愤怒甚至可能得到强化，因此他们会认为改变这种愤怒对自己有害。不过，还有一些愤怒的人确实想改变，但这种改变令人害怕且实施起来很困难。他们意识到自己可能会给他人带来伤害，想要努力改变，但还没有成功。❶

当你生活中的愤怒的人对你而言特别有毒，而你又别无选择时，划清界限是可行之举。这么做可能让人难以接受，

---

❶ 我从不止一个人那里听说，他们发现阅读我的上一本书具有挑战性。他们告诉我，他们开始意识到他们自己会对自身和他人造成伤害，看到这种伤害让自我反省变得困难。

但没有规定说你必须让某些人留在你的生活中。当与特定的人互动对你不利时,你可以将互动保持在最低限度,甚至完全断绝来往。

本书结构

本书的第一部分是关于理解生气人的问题的。我深入研究了关于人格类型、生物学、情感发展、情绪传染和思维方式等方面。我认为这是培养与愤怒的人打交道所需要的同情心和理解力的重要因素,尽管这只是必要而非充分条件。虽然这一部分从更广泛的角度审视了愤怒者的经历,但每一章都提供了一些有用的建议,并在这部分最后设置了练习,帮助你更好地理解生活中愤怒的人。

本书的第二部分提供了当下应对生气的人的十个具体策略。

(1)厘清你的真正诉求。

(2)保持沉着冷静。

(3)识别愤怒的多种形式。

(4)站在他人的角度分析愤怒事件。

(5)判断愤怒的是非曲直。

(6)与拒绝沟通者重新展开对话。

(7)在网络世界中驯服愤怒。

（8）避免人身攻击。

（9）懂得适时抽身。

（10）整合所有策略巧妙运用。

全书列举了我采访过的人的真实案例，分享了最新研究成果，本书将帮助你应对那些艰难的时刻。

更重要的是，本书将向你展示如何树立和接纳一个全新的身份认同——成为一个能有效应对愤怒者的人。要成功地应对他人的愤怒和敌意，仅仅掌握工具是不够的。当然，这些工具很重要。你需要拥有它们，并且使用它们。但除此之外，你还需要心中有积极的目标，在局势升温时也要能够坚持这些目标。本书将告诉你如何牢记这些目标，成为一个冷静、自信、驾驭他人愤怒的人。

第一部分

剖析愤怒的根源

PART 1

第一章
愤怒的人和正在愤怒的人

愤怒的两种情形

愤怒可以看作是一种我们每个人都能体验到的情绪状态。在这种情况下,愤怒可以被描述为对不公平、境遇不好或目标受阻的心理反应。这是一种情感上的欲望,想要打击那个冤枉你的人或破坏妨碍你的事物。就像所有其他情绪一样,它与一系列特定的想法、生理体验和具体行为相关联。

同时,愤怒也可以被看作一种人格特质。在这里,我们描述的是一种相对持续的愤怒情绪、思维和行为模式。有愤怒人格的人往往比其他大多数人更容易发怒,这并非一定是因为他们遇到的挑衅情况更多,而是因为他们会被别人不会生气的事情激怒。就像所有其他人格特质一样,它并非一成不变。就像焦虑的人有不感到恐惧或紧张的时刻一样,愤怒的人也有不愤怒的时刻。

> 案|例|研|究

伊兹——愤怒时和不愤怒时的"两个她"

我曾与一位名叫伊兹[1]的女士交谈,她是我通过社交媒体认识的。她是通过回应我的一个帖子而联系上我的。我在帖子中征求那些认为自己易怒或有愤怒经历的人的意见。通过与她的简短对话,我发现她是一个极富洞察力的人,并且理解自己和周围人的动机。她有心理学背景,这是她洞察力的来源,但我感觉到,除了这种训练和教育,她还是一个擅长内省并且情商很高的人,会经常思考为什么人们(包括她自己)会有那样的感受,会做那些事情。

伊兹从小就与易怒的父亲一起长大。她形容他"可能一辈子都在与愤怒做斗争"。不过,在谈这个之前,让我们先谈谈伊兹父亲不生气的时候是什么样子的。因为她的父亲为我们提供了一个案例,说明一个人大部分时间的样子和生气时的样子有很大的不同。"除了愤怒的时候,他通常是一个让人感到相处愉快的人,"伊兹解释道,"他很有魅力,并且真的很喜欢和人交谈。他是一个非常有爱心的人。"

---

[1] 伊兹不是其真名。在整理采访内容的过程中,我使用了采访者的化名。

但同时，她说："当他生气的时候，他会情绪失控。他会口头攻击他人。他会说一些与其性格不相符的话。他会说一些非常伤人的话。事实上，他知道在特定时刻说什么最伤人，并且会用这一点来对付别人。"例如，有一次她不同意他的观点，他生气了，回应说："你真是一个难相处的人，我为将来娶你的人感到难过。"

在伊兹的成长过程中，她认为自己是导致父亲愤怒的原因，因为如果她做了一些他不喜欢的事情，他就会发火。现在她意识到他的愤怒来自一种无法管理令他不知所措感受的无力感。她认为他很容易感到焦虑、压力大和失望，在这些情绪面前他选择通过愤怒缓解。

他的愤怒通常发泄给他熟悉的人，比如家人。他通常不会对同事或陌生人发火。不过，伊兹认为她的父亲可能有路怒症。但总的来说，他更容易对家人生气。她认为这是因为他和家人在一起感到舒服，所以会更安全地表达这些感受。这里路怒的例子很好地证明了安全感在起作用。只要你把愤怒"留在车里"，不对其他司机表达出来，那么此时此地发脾气是相对安全的。

这些事情背后的核心是，他的愤怒源于一种不安全感。他在生气时坚持己见就体现了这一点。伊兹说，当她父亲生气的时候，没有人能改变他的想法。没有人会回过头来讨论导致愤怒的原因。不过，她说："我想他会感到难过。也许他没有意识到自己错了，但他确实意识到了自己的反应有多强烈。他几乎不说抱歉。"事实上，她说她一生中只记得听到她父亲说过几次抱歉。相反，他会经常假装什么都没发生，然后出去给她买一些东西作为补偿（比如一些零食或她说过她想要的东西）。她认为这些都是他回避冲突的策略。

她告诉我一件非常有趣的事情，说明了不安全感在这里所扮演的角色，那就是她父亲对她如何看待他做了很多假设，尤其是在有冲突的时候。她说他会说类似"你觉得我是个很可怕的人"或"你觉得我很蠢"之类的话。这些都不是她真实的想法，但她父亲会得出这些结论，加剧他的不安全感和防御心理。

伊兹分享了很多关于这一切对她的影响。她描述了她是如何在后来的关系中建立起与他相似的模式的。"当他非常生气的时候，没有什么能改变他的想法，"她说，"如果我不同意他的观点，或者我不想要什么，或者我试图解释他在某种程度上伤害了我，这些他都无法理解。"她不再试图说服他，因为这是无效的。但作为一个成年人，她意识到，当人们做她不喜欢的事情时，她会非常生气，因为她认为自己无能为力。从本质上说，她父亲的愤怒情绪让她感到无助。

伊兹受到了一些长期影响，尤其是与人际关系有关的部分。她描述了情感上的脆弱对她来说有多难,因为她从父亲那里学到情绪是一种操纵手段。当她哭的时候,父亲会指责她在操纵他,想让他成为坏人。现在,她认为她的父亲可能感到羞愧,并通过找到一种责备她的方式来摆脱这种羞愧感。同时,她现在哭的时候会感到焦虑,因为她担心人们会认为她在撒谎或只是想操纵他们。此外,愤怒是她的父亲用来控制周围人的手段,而她不想变成那样。她经常觉得自己在以一种让她感觉有点像"母亲"的方式来管理别人的情绪。最后,这在很大程度上源于她觉得强烈的愤怒情绪特别可怕。"我仍然无法有效控制愤怒情绪",她告诉我。

伊兹告诉我,随着年龄的增长,她父亲的脾气有所缓和。很难说这是由于发展模式改变,还是更具体地说是由于他们关系的演变。随着年龄的增长,人们往往会放松一点,因为体验积极情绪变得更加重要。当伊兹离开家的时候,她和父亲的关系发生了很大的变化。显然,他们见面的次数减少了,这影响了愤怒在他们关系中的表现方式。但是,她也认为,随着年龄的增长,她父亲会反思愤怒行为,这改变了他表达情绪的方式。

将愤怒理解为一种情绪

伊兹的父亲很好地体现了愤怒的两种情形。一个平时温和可爱的人，在某些情况下，会变得生气并发展为情绪失控，正如伊兹所描述的那样。正如我前面所说，愤怒的体验与一系列特定的想法、生理体验和具体行为有关。例如，当我们生气时，我们的想法常常转变为指责、评判和报复。他们怎么敢？他们不应该这样做，我要为此报复他们！这些都是我们生气时可能想到的事情。

同样，当我们生气时，我们经常通过身体或言语来发泄。我们脑海中浮现的复仇念头会导致报复行为。就像伊兹的父亲一样，大喊大叫或说一些伤人的话。生气时人们会推搡、打人或找其他方式攻击他们认为冤枉他们的人。即使他们实际上没有表现出攻击性，他们也可能想这样做。心理学家将这称为行动倾向（Action Tendencies）——当我们想要将某一特定行为作为情绪反应的一部分时，由于人的主观能动性有控制冲动的能力，我们可以阻止自己，把愤怒引向其他的方向。

最后，我们的愤怒会带来一系列特定的生理反应。当我们生气时，我们的战斗或逃跑反应就会启动，帮助我们应对不公平或解决受阻的目标。我们的心率会加快，呼吸加重，肌肉紧张，消化系统运作减慢。这种反应源于人类的进化史，为我们的祖先提供了生存优势。他们的愤怒让他们能够以更多的能量做出反应，使他们更有可能在敌对的冲突中生存下来。

我猜你们大多数人都能很容易地想起最近一次生气的例子。也许是杂货店里一个小小的不便打乱了你的节奏。或者，当你遇到更严重的不公平对待时，这种不公平对待让你感到不受尊重和无助。无论如何，那种愤怒不仅是正常的，而且可能是健康的。当我们受到不良对待或被拖慢时，我们感受到的愤怒会提醒我们注意这种不良对待行为，同时激励我们对这种不良对待做出反应。

> **小贴士** 观察愤怒带来的后果，以此来判断你的愤怒是健康的还是不健康的。问问你自己，这是否在伤害你的人际关系，是否导致了争吵，或者带来了其他负面后果。

不过，值得注意的是，尽管我们的愤怒通常对我们有好处，但它仍然会造成问题。当我们不能很好地管理愤怒、生气太频繁，甚至为错误的事情在错误的时间生气时，愤怒会严重扰乱我们的生活。学会驾驭愤怒是成为一个情感健康的人的重要组成部分。

同样值得注意的是，有些人比其他人更容易生气，会以更具攻击性和敌意的方式表达愤怒,并因愤怒而更频繁地遭受负面影响。这样的人可以被描述为拥有愤怒的人格。

关于愤怒的事实 | 调查显示,将近三分之一的人认为自己有愤怒问题。[9]

什么是人格特质

当心理学家谈论这种动态时——情绪既是一种感受,也是一种人格特质——将它称为"状态-特质理论"(State-Trait Theory)。作为一种情绪,愤怒是一种状态;作为一种人格特质,愤怒是一种特质。人格特质可以定义为一种相对一致的行为、思维和感受方式。如果你把一个人描述为友好的,你的意思是大多数的时候他们善待他人,让人愉快。当你把一个人描述为傲慢时,你的意思是他们经常夸大自己的重要性。但在这两种情况下,相关的人可以表现得不同——善良的人有时会变得残忍,傲慢的人有时会表现出脆弱。拥有人格特质并不意味着你一直都是那样,它只意味着你大部分时间是那样。

人格特质理论源于戈登·奥尔波特(Gordon Allport)博士,他是最早研究人格的心理学家之一。在他最早与其兄弟❶合著的论文中[10]，描述了构成人格的一些核心特质，包括智力、气质（情绪）、自我表达和社交性。几年后，在1936年，戈登·奥尔波特和亨利·奥德伯特（Henry Odbert）[11]对人格进行了更详细的解释，将其特质定义为"概括和个性化的决定倾向"，并举例说明了攻击性、内向性和社交性等特质。为了说明特质和状态之间的区别，他们解释道："所有人都会偶尔焦虑……但有些个体患有'焦虑症'……他们反复出现典型的焦虑表现。"

如果你用"愤怒"这个词代替这个解释中的"焦虑"这个词，你基本上就会理解我在这里谈论的内容。所有人都会偶尔愤怒，但有些人会更频繁、更强烈、更不适应地愤怒。他们会反复出现典型的愤怒表现。

不过，直到1961年[12]，戈登·奥尔波特才写出了许多人认为是他在人格特质主题上最重要的作品——《人格的模式与成长》(Pattern and Growth in Personality)。❷严格来说，这是对他1937年同名著作的修订，但这是一个相当重大的修订（考虑到时间跨度范围之广和心理学领域日新月异的发

---

❶ 弗洛伊德·奥尔波特是这篇论文的第一作者，这表明他完成了大部分工作。虽然我大脑中理性的部分相信这是真的——弗洛伊德·奥尔波特确实写了这篇论文的大部分内容——但我内心认为，戈登·奥尔波特做了所有的工作，而弗洛伊德·奥尔波特只是威胁了他的兄弟，成为第一作者。

❷ 本书是献给"我的学生们"的。我觉得这是一个特别甜蜜和美好的提醒，即过去那些非凡的学者不仅是研究者和作者，他们也是老师。

展，这是很有道理的）。正是在这里，他描述了三种不同类型的特质，"在每一个人格中，都有主要意义的人格倾向和次要意义的人格倾向"。他将这些主要和次要意义的性格描述为枢纽特质、核心特质和次要特质。

枢纽特质（Cardinal Traits）是某些人性格中的核心特征。它基本上驱动着一个人的日常行为和思想。正如戈登·奥尔波特所说，"几乎每一个行为都可以追溯到它的影响。"对于某些人来说，枢纽特质可能是贪婪，他们的行为、思想和感受可能主要甚至完全由赚钱或增加财产的目标驱动。对于其他人来说，枢纽特质可能是诚实，他们主要受到要对周围人表现得诚实的需要的驱使。所以想象一下，如果有两个人（一个以贪婪为枢纽特质，另一个以诚实为枢纽特质）同时想赚很多钱，但都必须通过撒谎才能实现，那么根据枢纽特质，很容易知道他们每个人会做何选择。

但人们并非都有枢纽特质。事实上，戈登·奥尔波特将它们描述为不寻常的。然而，我们都有核心特质（Central Traits）。戈登·奥尔波特将其描述为"我们在写一封推荐信时会提到的那些特质"。核心特质是我们的主要人格特质，会影响我们行为和思想的品质（如智力、善良、尽责、内向）。这些都是相对稳定的特质，是别人描述你性格的关键。当你介绍你的朋友相亲时，你可能会说，"你会喜欢他的，他真的很……"不管你用什么词语来结束这个句子——有趣、善良、聪明、有魅力——都可能是一个核心特质的例子。因此，当伊兹描述她父亲是一个愤怒的人时，她是说他的一个核心特质是愤怒。这并不意味着他总是那样，只意味着他通常是那样。

最后，次要特质（Secondary Traits）是那些往往只在特定类型的情况下出现的特质。戈登·奥尔波特将其描述为"不太明显、不一般、不太一致，也不太经常被调用"。例如，我在开车时往往是一个相当随和的司机，不会因为落在后面而太生气。也就是说，有一种特定情况会让我感到非常沮丧，那就是当我的汽油快用完时。我可以准确地告诉你在这种情况下会发生什么。我会专注于汽油将耗尽的想法，因此我会将每一次轻微的耽搁都视为灾难。红灯、开车太慢的人、交通堵塞……它们都会成为我将耗尽汽油、被困在路边、毁掉一整天的理由。❶ 这就是体现次要特质的一个例子。它是一种人格特质，因为通过它可以预测我的感受和行为，但只在一个非常具体的情况下才出现。

---

❶ 我曾在威斯康星州格林贝的一个当地团体的免费演讲中讲过这个故事。一周后，我收到了一封感谢信。一位与会者对我的演讲表示感谢。收到的东西中还包括一张加油卡。这真的是我收到过的最体贴的感谢礼物之一。

> **小贴士** 如果你意识到愤怒这一情绪产生了,无论是你自己愤怒还是别人愤怒,都请试着管理这一情况。为这些情况做好准备。改变它们,甚至完全避开它们。

最后这种特质类型真的很棘手,因为它说到了关于人格的一个基本问题。人格真的能一方面稳定,另一方面在特定的情况下改变吗?这不是证明了真正影响我们行为的不是特质,而是我们所处的环境吗?如果人们只在特定的情况下生气,那就说明不是他们的人格导致了愤怒,而是特定的环境导致了愤怒。

"个人与情境"之争

在 20 世纪 60 年代末至 20 世纪 70 年代,当一群心理学家(人格理论家)试图阐明人格的组成部分时,另一组以沃尔特·米歇尔(Walter Mischel)博士为首的心理学家提出人格并不存在。表面上看,这种说法可能有点儿离谱。人格怎么可能不存在呢?我们不是一直都通过与人互动看出他人的人格吗?

不过,米歇尔的立场相对简单直接,而且客观来说很难反驳。在 1968 年的著作《人格与评估》(*Personality and*

第一章 愤怒的人和正在愤怒的人

Assessment）中，米歇尔指出，研究结果表明人格特质与行为之间的相关性非常低。更具体地说，人们的行为在不同情境下通常不一致。一个人在聚会上的表现与在工作中或在电影院的表现是不同的。如果一个人的行为会因情境而有如此巨大的变化，那么影响他们行为的就不是他们的人格，而是情境。

如果我相信人格并不存在，那么这将是一本非常短的书。因此，让我们深入探讨一下人格心理学家是如何回应"环境影响比人格影响更重要"这一观点的。1987 年，大卫·布斯（David Buss）博士写了一篇题为《选择、唤起和操纵》（Selection, evocation, and manipulation）[13] 的文章，其中概述了人格影响和环境影响如何共存于行为之中。具体而言，他列出了"人格和社会化过程内在联系的三个关键机制"。我想你可以根据文章名称推测出这三件事是什么，但以防万一，我还是将它们列举出来：选择、操纵和唤起。下面是每一个机制的工作原理。

选择

我们会选择自己处于的情境，而这种选择一部分是基于我们的人格。我们可以从小事情中（周六应该去这个聚会吗？今晚应该看新闻吗？）思考情境选择，也可以从更重大的决定中（应该接受这份工作吗？应该搬到这个城市吗？）

进行思考。一个内向的人不太可能参加聚会或从事活动策划的工作，基本上会选择退出这些情境；一个尽责的人可能会选择在周六下午支付账单而不是社交，或者选择一份需要确认更多细节的工作（例如编辑）。

愤怒在情境选择中是如何体现的呢？一个愤怒的人可能会有意或无意地选择进入导致愤怒的情境。他们可能会看政治新闻节目，在社交媒体上参与争论，甚至观看可能引发愤怒的体育运动。大多数情况下，一个人不太可能选择参与这些活动是因为他不想感到愤怒。他这样做可能是因为他喜欢这个活动或者认为参与这个活动对他来说很重要。但是，不管出于什么目的，持续选择参与可能会导致愤怒的活动是愤怒人格的标志。

操纵

我们不仅可以选择进入的情境，还可以操纵它们。我们有意识地决定如何进入这些情境，以及如何与其他相关人员互动。例如，一个学生在大学里选修一门课程，这就是情境选择。他决定进入一个特定类型的情境。但是，关于如何参与课程他还可以做出许多其他的决定，他还需要决定坐在教室的哪个位置，如何做笔记等。他可能在上课的第一天就向老师介绍自己，希望给人留下良好的第一印象，并在整个课程中"操纵"老师对他的看法。❶ 他甚至可能鼓励朋友和他一起上这门课,从而改变朋友参与这种情境的体验。这已经不再是原本的体验或可能的体验了,因为他已经修改了它。

对于一个愤怒的人来说,这种操纵可能有几种不同的表现。他们的愤怒可能会导致他们以一种对他人有害或控制他人的方式来操纵情境。他们可能会预料到一个情境将变得非常糟糕,于是试图提前控制人们。愤怒的同事可能会在会议前发送自负甚至咄咄逼人的电子邮件,让其他人做一些他们不想做的事情(甚至可能是他们本来没打算做的事情)。或者,他们可能像伊兹的父亲那样利用愤怒来操纵他人。当他觉得事情即将失控时,他通过发怒让其他人顺从。愤怒的人通过吓唬别人,要求他人按照自己想要的方式行事来操纵别人,无论这是有意的还是无意的。

唤起

唤起要更复杂一些。人类通常在无意间通过与他人的互动唤起他人的反应。人们进入情境的方式和接近他人的方式

---

❶ 操纵这个词拥有负面含义。人们经常以负面的方式描述他人是操纵者。但归根结底,试图改变我们周围的世界并没有什么错误。事实上,我认为所有人类的行为都具有操纵性。我们所做的一切都是为了影响我们周围的世界。更重要的问题是:我们操纵别人的方式对他们来说到底是有益的还是有害的呢?

可能会鼓励其以特定的方式做出回应。外向的人会以友好、开朗的方式与陌生人互动。因此，与他们互动的人往往会模仿这种风格，以类似的积极方式做出回应。通过表现友好，他们唤起了他人的友好。

与此同时，愤怒的人可能会无意中唤起他人的不友好。他们甚至可能唤起他人挑衅的意愿。例如，一个愤怒的人可能会以令人沮丧的体验方式进入一个情境（例如家庭聚会或去邮局）。对沮丧的预期可能导致他们以不耐烦、不尊重的语气或只是一般的简洁方式来应对情境。这种不耐烦可能会唤起他人同样的粗鲁和简洁的反应，所以他们基本上是在制造他们预期的那种挑衅。这就导致一个预言自然地实现了。

愤怒是什么样的人格特质

如果愤怒是一种人格特质，那么它应该是什么样的特质？很难想象愤怒会成为任何人的枢纽特质。记住，并非每个人都有枢纽特质。事实上，根据戈登·奥尔波特的说法，它们是相当罕见的。这些特质影响着一个人的几乎每一个行为或想法，而一个人不太可能愤怒到使愤怒成为他们人格的中心部分，影响着他们所做的几乎所有事情。

和我交谈过这个问题的大多数人都像伊兹一样，据他们描述，他们生活中愤怒的人并非一直愤怒，但在受到挑衅时会迅速变得愤怒。这使愤怒更像是一种核心或次要特质。在这种情况下，愤怒是他们的核心组成部分，影响着他们的大部分想法和行为。愤怒不是他们人格的唯一组成部分，但它是构成他们人格的主要组成部分。换句话说，我们经常认为善良、自信或和蔼可亲是人格特质——核心的或次要的——那么为什么我们不以同样的方式看待愤怒呢？

实际上，有非常充分的证据支持将情绪视为一种人格特质，这些证据可以在心理学家所说的"五大人格特质"（Big Five Personality Traits）中找到。对五大人格特质的完整历史介绍超出了本书的范围，❶简单来说，在戈登·奥尔波特和亨利·奥德伯特1936年发表研究成果之后，许多学者开始使用各种统计方法来识别主要的人格特质。雷蒙德·卡特尔（Raymond Cattell）博士在1949年开发了16种人格因素问卷（16PF）[14]。这种问卷能够识别出16种人格特质，但其他人在此基础上提出只有5种主要的人格特质。最值得注意的是保罗·科斯塔（Paul Costa）和罗伯特·麦克雷（Robert McCrae）的研究成果，他们在1985年开发了新人格量表（NEO-PI）❷[15]。

---

❶ 一些学者将特质的历史追溯到希波克拉底（古希腊医师），但五大人格特质的更现代的根源可以在奥尔波特和奥德伯特1936年的那篇文章中找到。

❷ 有趣的是，他们最初确定了3种人格特质（NEO）：神经质、外向性和开放性，并在1976年基于此发表了该量表的又一个版本。这就是为什么该量表被称为"NEO-PI"。

从这一分析中得出的 5 种人格特质分别是：开放性（openness）、尽责性（conscientiousness）、外向性（extraversion）、宜人性（agreeableness）和神经质性（neuroticism）。最后的神经质性实际上是与情绪相关的特质的组合。神经质的人往往容易情绪化、喜怒无常，并且时常焦虑。他们更容易感受到情绪，包括恐惧、内疚、悲伤和愤怒等。因此，根据科斯塔和麦克雷的观点，情绪不仅是一种人格特质，而且是 5 个最相关的人格特质之一。

愤怒人格

1996 年，杰里·德芬巴赫（Jerry Deffenbacher）博士与科罗拉多州立大学的另外 7 位研究人员一起，针对愤怒人格这一主题撰写了一篇非常重要的论文[16]。虽然一篇研究论文有 8 位作者很少见，但这篇特别的论文花了 8 年的时间才完成，测试了与愤怒人格相关的 5 个不同的假设，并包括了 8 个不同的研究项目。这是一系列包含众多研究主题的项目，时至今日仍然是将愤怒作为一种人格特质的重要研究成果。

简单地说，研究人员提出了 5 个假设，这些假设都服务于一个目标——确定愤怒确实可以被视为一种人格特质。为了做到这一切，他们使用各种测量愤怒不同方面的问卷进行了 8 个独立的研究项目。例如，在这 8 项研究中，其中有一项他们观察了在愤怒特质测试中得分异常高和异常低的人。这些参与者参加了一个会议,在会议上他们被要求完成一些简短的活动(填写额外的问卷,提供血压和心率数据,进入一个具有挑衅性的情境)。在这项测试中,得分较高的参与者更有可能对挑衅情境做出愤怒的反应,更有可能在日常生活中经历愤怒,并经历更强烈的生理症状(如心率和血压升高)。

在同一篇论文的靠后部分,研究人员确定,量表上得分较高的人遭受了更严重的与愤怒相关的负面后果。他们更有可能因愤怒而伤害别人,在愤怒时打碎东西,或在愤怒时使用药物或酒精。事实上,他们要求这些愤怒的参与者描述过去一年中最糟糕的两次愤怒事件。研究人员对回答进行了编码,发现在这项愤怒人格测试中得分较高的人遭受的后果最严重。

这篇论文之所以对愤怒领域和本书都如此重要,是因为它确立了关于愤怒的一些真正重要的东西:我们可以将愤怒视为一种人格特质和一种情绪。正如德芬巴赫及其同事所描述的那样,"愤怒特质是个体在变得愤怒的倾向方面的一个基本的差异。"具有这种人格特质的人更容易生气,会经历更强烈的愤怒,以更激进的方式表达愤怒,并承担更大的负面后果。

愤怒的人可以有各种各样的表现

愤怒作为一种人格特质,重要的是,它并不总是像你预期的那样。对于大多数人来说,当他们想到愤怒的人时,他们会想到像伊兹的父亲那样的人。一个大喊大叫或说话伤人的人;一个控制欲强,对人不友好的人;一个让人相处不舒服的人。因为你总是无法预测什么会激怒他们。坦率地说,即使是德芬巴赫和他的合著者使用的描述也感觉像是对愤怒人格的一种稍显狭隘的看法。

愤怒可以通过多种方式表达。虽然有些愤怒的人会大喊大叫,但其他人会生闷气或退缩。其他人会以更消极的方式表达愤怒,比如:散布谣言或故意不履行自己的职责。愤怒也可以通过各种积极的方式表达出来,但由于本书是关于应对更有毒的愤怒形式,我们将重点放在这些消极的表达方式上。

活动:了解生活中愤怒的人

假设你选择阅读本书出于以下两个原因之一:①你工作的性质决定了你经常遇到愤怒的人。②你生活中有一个特定的愤怒的人,你正在努力学习如何更有效地与之相处,如果是后者,那么我希望你花点时间思考一下

> 他的愤怒人格是什么样的。请回答以下关于他的问题。
>
> （1）你认为他的愤怒属于哪种特质：枢纽性、核心性还是次要性？
>
> （2）你能否认识到他可能有意或无意地从环境中选择、操纵或唤起挑衅的情况？
>
> （3）他倾向于如何表达愤怒？这种表达方式会带来哪些后果？

他们为什么愤怒

无论你应对的愤怒的人是好斗的、有毒的，还是只是有点烦人，你都需要掌握一些工具，从而有效地应对他们。其中一个工具就是透彻地了解他们为什么会愤怒。我指的不是导致某个愤怒事件的具体情况（尽管这很重要），而是他们成长过程中、文化中、基因中以及世界观中导致他们成为愤怒的人的更广泛的因素。他们天生就是这样的吗？还是他们的愤怒是复杂的生活历程造成的结果？

在下一章，我们将讨论愤怒的生物学基础。我们与生俱来的是什么，我们在成长过程中学到的又是什么？

第二章
理解愤怒者的生理学基础

频繁的肢体冲突或攻击行为

在我教授的精神病理学课程中,每个学期我们会花大约两周的时间学习人格障碍。人格障碍在《精神障碍诊断与统计手册》(简称《手册》)[1]中被定义为"一种内在体验和外在的持久行为模式,这种模式明显偏离了人们对其所处文化的预期"。[17]本质上就是说,这个人的人格有某些问题,引发了情绪、行为和社交方面的困扰。我们可以从他们的思维方式、情感和与他人的互动中观察到这种模式。人格障碍包括自恋型人格障碍、偏执型人格障碍和反社会人格障碍。

---

[1] 《手册》由美国精神医学学会出版,描述了所有可诊断的心理健康状况。其中列举了从反复发作伴有精神病症状的重度抑郁障碍,暴食、催吐型的神经性厌食,到非快速眼动睡眠觉醒障碍,再到梦游类型以及与睡眠相关的饮食等各种疾病。

第二章 理解愤怒者的生理学基础

学生们对于最后一种反社会人格障碍尤其感兴趣。患有反社会人格障碍的人会习惯性地无视和侵犯他人的权利。他们会对他人造成身体和言语伤害，对他人撒谎，为了金钱利用他人，经常卷入打架斗殴，而且很少会对自己的恶行表现出悔意。学生们之所以对这一障碍感兴趣，是因为他们的脑海里常常浮现出连环杀手以及各种媒体报道中的施暴者。❶这当然也令我着迷，但我更感兴趣的是，在《手册》中，这是为数不多的将愤怒或愤怒的同义词列为某种障碍症状的地方之一。❷ 具体来说是"易怒且具有攻击性，表现为频繁的肢体冲突或攻击行为"。

学生们在讨论这种或任何其他人格障碍（包括边缘型人格障碍，这是《手册》中将愤怒列为症状的另一处）时，不可避免地想要探讨其成因。他们想知道一个人是天生反社会，还是后天环境和教养造就了这一切。这是个很好的问题，但答案极其复杂。这些障碍和许多其他障碍一样，是普

---

❶ 许多学生还没有意识到，伤害他人的方式不只暴力一种。利用他人有很多途径，不一定非得通过攻击。一个政客、首席执行官或警察，如果利用自己的权力地位占他人便宜，就很可能是反社会人格障碍患者。

❷ 《手册》之所以没有将愤怒彻底列为一种独立的障碍，其背后有一个冗长而复杂的解释，包括该《手册》源自精神动力学的思维模式，与其他情绪相比愤怒被视为可控的观点，以及担心它被滥用作为"精神错乱"的辩护理由。但不管出于何种原因，其后果之一就是愤怒的人在需要帮助时得不到应有的关注。

遍存在且涉及方方面面的。从本质上说，学生们问的是"什么塑造了我们的人格"，这个问题很难给出一个简单的答案。

案│例│研│究

内森——"我不想成为一个'暴君'"

内森❶曾是我的短期咨询对象，他来找我是为了解决自己的愤怒问题。对他而言，愤怒的模式相当容易预测。大多数时候，他并不是一个易怒的人。事实上，他相当随和。当时他是一名优秀的大学生，交了不少朋友，大家似乎都喜欢他，跟他相处得很融洽。在治疗中，他总是非常友善，从未对我发过脾气。

但他确实有一个可预测的发怒模式。周末，他和女朋友外出时，会因为她的某些行为而生气，冲她发脾气。虽然他从未对她动过手，但言语和情感上的虐待是不争的事实。他承认这一切，告诉我他会对女友大吼大叫，说一些伤人的话，当她的朋友试图介入时，他也会冲他们发火。有时，酒精是导火索，但并非总是如此。

尽管我从未见过他生气的样子，但我多次目睹他悲伤和恐惧的状态。这是模式中另一个可预测的部分。这

---

❶ 这不是他的真实姓名，内森只是化名。

第二章 理解愤怒者的生理学基础

些事件发生后，他会感到强烈的内疚、悲伤和羞愧。这个年轻人曾经是女友和她朋友眼中的恶棍，如今在我的办公室里泪流满面，为自己说过的话和做过的事而哭泣。❶他告诉我，他有多么讨厌自己身上这些特质，但在当时似乎就是无法控制自己。有一天，他哭着说："我不想变成这样，我不想成为一个'暴君'，我不想让别人害怕我。"

内森在一个"暴君"身边长大。他的父亲是个脾气暴躁的人，但和内森的愤怒方式大不相同。内森的愤怒很大程度上取决于具体的情境。用奥尔波特的术语来说，这是一种次要特质。他只在特定的情况下发怒，这源于嫉妒和想要控制女友的欲望。他害怕失去她，而这种恐惧以一种非常糟糕的方式表现出来。而内森的父亲则想要控制一切人和事。他动不动就发火，不只对内森，对他接触的任何人都是如此。对内森的父亲来说，愤怒是一种核心特质。

内森父亲的愤怒极其不可预测。你基本上可以肯定它有两个特点：频繁和剧烈。至于内森，他很难判断父亲何时会发怒以及为何发怒。只要遇到不顺心的

---

❶ 顺便说一句，我完全意识到这在虐待关系中是一种常见的模式，我无意淡化或为他给女友带来的痛苦辩解。我只是在勾勒一个完整的画面。

事，他的父亲就会大发雷霆。他表达愤怒的方式也让内森感到非常害怕。他会大喊大叫，满口脏话。有时对象是内森、他的兄弟姐妹或母亲，但更常见的是对陌生人发火。

内森告诉我，他一直生活在对父亲的恐惧之中。每当他们在一起时，他都担心父亲会突然发火——可能冲他，也可能冲周围的其他人。他说，这两种情况都让他感到害怕。即使父亲骂的不是他，他也讨厌父亲的吼叫声。他小心翼翼地生活，唯恐自己做了什么惹父亲生气的事。[1]

更糟糕的是，他还担心周围的人做出让父亲发怒的事。这对于他来说是一种奇怪的恐惧，因为他知道自己无法控制别人的行为，但他还是花了不少时间去想这个问题。和父亲一起去餐馆时，如果服务员上菜太慢了，他就开始恐慌，生怕父亲会发火。如果兄弟姐妹做了可能惹怒父亲的事，他也会焦虑不安，担心父亲冲他们大吼大叫。

于是，他会采取措施，试图阻止别人做出可能惹父

---

[1] 这是我从几乎所有和易怒的人生活在一起的人那里听到的反复出现的说法。他们谈到这有多么令人筋疲力尽，许多人用了"如履薄冰"这个词语来表达。

亲生气的事。他会替父亲感到不耐烦，催促服务员加快速度，或者试图让走在前面的人走快点。他熟知父亲的沮丧点，会拼命想办法及早消除它们，甚至在它们出现之前就加以阻止。他会责备兄弟姐妹太野，当话题转到父亲不喜欢的方向时，他会试图改变话题，甚至避免跟父亲谈及可能以某种方式触怒他的私事。

正是在这种家庭氛围之下，他产生了对掌控的需求。他人的"不当行为"让父亲生气，而父亲的愤怒又让内森害怕。内森应对父亲愤怒的机制就是设法预防愤怒的发生，而有时这意味着试图控制周围的人。他现在的女朋友（以及后来我们了解到，他生活中的许多其他人）就在承受这一点的影响。他希望人们以特定的方式行事。当他们没有按照他的期望或要求去做时，他会感到焦虑和沮丧，因此在无意识中会试图让周围的人"循规蹈矩"。比如对女友，有时他会通过表达愤怒来维持这种控制。

那么内森为何会变得如此喜欢控制他人呢？从他的角度看，他父亲的愤怒又是如何产生的呢？从内森的视角来深入剖析父亲的人格，可以发现他的愤怒源于许多不同的特质，这些特质使他更容易在日常生活中发怒，并更倾向于将愤怒表现出来。比如说，他缺乏耐心。他希望事情能够快速、正确地完成。他也很容易对人下定

> 义。他对周围的人期望很高,当他们达不到期望时,他会非常苛刻。最后,他会毫不犹豫地把自己的想法告诉别人。他还会直言不讳地批评他人,这导致他经常咄咄逼人地表达愤怒。

> **小贴士** 试着留意那些可能导致一个人性格易怒的复杂因素。是不耐烦、控制欲强、自我感觉良好还是其他因素驱动着他们的愤怒?

基因 G 与环境 E 的交互作用

内森的案例很有意思,因为我们可以从中看到愤怒从他父亲那里传递给他的两种不同途径:遗传和教养。他父亲以各种方式影响着他,其中一些甚至在他出生前就开始了。任何关于基因与愤怒(或基因与任何事物)的讨论,都必须从一个事实开始:我们无法真正将基因与环境分开。它们就是"纠缠"在一起,不可分割。常见的比喻是,这就像烤蛋糕,然后问是糖还是面粉让它尝起来如此美味。尽管它们一开始是分开的,但一旦混合在一起,它们就相互作用,共同塑造了蛋糕的味道。如果你去掉其中任何一个,就不是同一个蛋糕了。就内森而言，你不能简单地说他的愤怒问题是由基因或者教养方式造成的。相反，他的愤怒问题是两者共同作用的结果。科学家将这称为"基因-环境交互作用"，如果你想显得很酷、很专业的话，可以叫它"G×E交互作用"。

"G×E交互作用"意味着我们的性格和其他特征受到基因和环境之间相互作用的影响。我们出生时可能就有某种特质的倾向（如焦虑、聪明、愤怒），但这种倾向会受到我们成长环境的影响。举一个明显的例子，一个人可能天生就有聪明的基因倾向（至少按照我们通常狭隘地定义智力的方式）。但是，如果这个人在子宫内或生命早期就接触到环境中的毒素（如铅、汞、酒精），那么他们的高智商潜力就很可能受到阻碍。单凭基因组成，他们不太可能达到原本有潜力获得的高智商。

事实上，遗传学家真正研究的就是这种G×E交互作用。他们并不只是单纯对基因感兴趣。引用美国国立人类基因组研究所弗朗西斯·S.柯林斯（Francis S. Collins）博士的话：

"许多人认为我们遗传学家只关心基因，觉得环境并不重要。这当然不是事实。对于大多数像糖尿病、癌症或心脏病这样的复杂疾病，正是基因和环境的相互作用导致了疾病的发生。你的基因可能让你有某种易感倾向，但除非同时存在环境触发因素，否则你可能不会真的患上这种疾病。因此这是目前一个非常重要的研究领域，试图理解基因和环境如何相互作用，以及我们如何为那些由于基因易感性而处于危险中的人改变环境。"[18]

关于愤怒的遗传学

这对愤怒意味着什么呢？虽然已知某些基因可以预测愤怒和攻击性，但这些基因预测因子会与环境因素相互作用，从而导致长期的愤怒问题。像内森这样的人可能天生就有很严重的愤怒倾向，但如果环境没有以某种方式显著地激发这些问题，那他们可能永远不会真正产生这些愤怒问题。同时，一个没有明显遗传愤怒倾向的人，在某些环境下也可能出现严重的愤怒问题。

关于反社会人格障碍，已经有大量研究探讨了其中涉及的遗传因素。2010年，克里斯托弗·弗格森（Christopher Ferguson）博士进行了一项研究，很好地总结了这些研究成果。他采用了一种被称为"Meta分析"（Meta-Analysis）的方法。[19] Meta分析是一种研究方法，拟综合探讨某一特定主题下已经发表研究的总体意义。在这项具体的研究中，弗格森博士找到了38篇已经发表的文章，这些文章从双生子、领养或行为遗传学的角度来研究反社会人格障碍。

双生子或领养研究是探索遗传倾向的有力方法。在双生子研究中，你可以比较同卵双生子和异卵双生子，以更好地了解遗传率。例如，如果反社会人格障碍100%由基因决定（实际并非如此），那么当同卵双生子中的一个患有该障碍时，另一个孩子也一定会患病。但如果异卵双生子中的一个患病，那么另一个孩子有大约50%的概率也患病，因为异卵双生子平均只共享大约50%的基因（与非双生子兄弟姐妹相同）。这里特别有趣的是，在一起长大的同卵双生子和异卵双生子，他们的成长环境和教养方式非常相似（可能比非双生子兄弟姐妹更相似，因为他们是同龄人）。因此，环境的影响在很大程度上对他们来说是一样的。他们之间的主要区别在于基因背景。

领养研究有类似的原理。当被领养的孩子与他们的养父母没有基因关系时，你可以比较孩子与他们的养父母和亲生父母之间的异同。你可以探究他们与亲生父母（与他们共享基因）和养父母（抚养他们，与他们共享相似环境）最相似的特征。当弗格森博士审视了近40项使用这些方法探究反社会人格障碍的研究时，他的结论是大约一半（56%）的反社会人格障碍差异可以用遗传来解释。

当然，这并不意味着一切都在出生时就注定了，没有什么可以改变。请记住，基因和环境因素之间是相互作用的。所以这实际上意味着，人们可能遗传了更容易出现反社会人格障碍的倾向。这种倾向会受到他们的教养方式、成长环境、同伴关系、教育机会以及其他许多因素的影响。

反社会人格障碍的研究与我们的讨论密切相关，主要是因为愤怒在这种障碍中起着重要作用，而且对这种障碍的研究远远多于专门针对愤怒的研究。与其他情绪（如焦虑和抑郁）的研究相比，❶我们对基因在愤怒中的作用了解得要少得多。那么，关于愤怒本身，我们了解多少？情绪本身甚至人们表达它的方式是否与基因有关？

2005年，王晓玲博士和同事们设计了一项研究来检验这一点。[20]他们观察了306对双生子（包括同卵和异卵）关于愤怒的表达方式，发现确实存在遗传因素。这项研究并不试图预测人们发怒的频率或程度，而是他们如何表达愤怒。他们发现，抑制和控制愤怒（深呼吸、数数）最能由基因因素预测，而向外表达愤怒最能由共同的环境影响预测。这里有一个有趣的理论，即为什么某些表达方式比其他方式更容易受到基因的预测——我们将在下一章谈论教养时更多地讨论这个问题。

愤怒与大脑

这些遗传倾向究竟是如何影响我们的愤怒的？我们谈到

---

❶ 这可能是愤怒没有被充分纳入《手册》（第5版）的后果之一。一般来说，《手册》中的内容比《手册》之外的内容能得到更多的关注并获得更多的研究经费。

的这些作为愤怒预测因子的生物学差异（如基因、脑结构、激素），它们可能会在大脑或其他地方实际改变什么，从而成为一个愤怒的人的组成部分？如果内森确实遗传了父亲的脾气，那是如何发生的？识别基因与它们可能预测的情绪反应之间的具体联系可能很困难，甚至是不可能的。事实上，当我们谈论遗传倾向时，我们并不是在谈论导致愤怒（或焦虑、聪明以及任何其他特质）的单一基因。事情很少那么简单。相反，可能是一组基因与特定脑结构或激素的增加或减少有关。

例如，2013年的一项研究发现，杏仁核的大小可以由一组基因预测。[21] 杏仁核由大脑中心深处两部分组成，通常被描述为"情绪计算机"。我们生气，是因为我们的杏仁核接收到了它认为是挑衅性的信息，之后它启动愤怒反应。与情绪计算机的比喻一致，它处理信息（通常来自外部世界，但也可能来自我们的记忆，甚至是我们的想象力），❶并对这些信息做出情绪反应。从本质上说，杏仁核是大脑中按下生气（或悲伤、害怕等类似情绪）按钮的部分。当这种情况发生时，它向大脑中的其他结构发送信号，随着愤怒反应的出

---

❶ 永远不要怀疑我们的记忆具有真正的诱导性质。仅仅是回想起一次我们被激怒的经历，就可以让我们再次生气。所以当我想起一些我收到的充满敌意的社交媒体评论时，我的心率实际上会上升，我的肌肉会紧张，我会出汗。

现，多米诺骨牌开始倒下。

关于愤怒的事实 | 愤怒经常与其他情绪，如悲伤、恐惧、内疚一起出现。其中一个原因是这些情绪体验所涉及的生物学基础非常相似。

序列中的下一个多米诺骨牌是下丘脑，它控制着我们的自主神经系统并启动我们的战斗或逃跑反应。心率、呼吸加快、肌肉紧张、开始出汗，以及消化系统运作减慢都是我们的身体准备逃跑（如果你害怕）或战斗（如果你生气）的体现方式。这是复杂序列的一部分，存在的目的是给你能量，让你逃离危险或对抗不公平。与此同时，你的杏仁核向面部运动核发送信息。面部运动核是脑干中控制你面部表情的一簇神经元。这些表情在你情绪激动时会立即展露出来，包括那些你无法立即控制的表情（例如皱眉❶、抿嘴、目光坚毅）。

这些只是愤怒体验中我们无法控制（或控制很少）的部分，它们是在我们可以开始实施一些管理策略之前，立即对挑衅做出反应的部分。例如，一旦战斗或逃跑反应出现，深呼吸可以缓解这种反应，虽然我们可以有意识地重新控制我

---

❶ 我的两眼之间有一条永久的皱纹，我确信这与愤怒无关，更多的是因为压力和专注。不管怎样，最近社交媒体上常常提到。

们的面部表情，但只能在最初的反应发生之后。负责重新控制情绪的——无论是通过深呼吸展露不同的面部表情，还是控制我们在身体或语言上的欲望——是前额皮质。这是额头后面负责参与决策、制订计划和完成其他高级思维任务的大脑区域。正是靠这里，我们能决定如何处理愤怒。正是靠这里，一些人能够控制住强烈的欲望。

这也已经证明了愤怒至少有一部分受我们的基因影响。例如，2007 年的一篇论文回顾了脑成像研究——作者回顾了一系列磁共振成像（MRI）研究——发现遗传基因可以影响前额皮质的大小。[22] 我们控制愤怒、避免自己被攻击的能力，可以用我们大脑这个部分的活动来解释，而这个部分之所以存在，是因为我们继承的遗传物质。但大脑结构并不是我们遗传的唯一可能影响愤怒和攻击性的东西。我们释放的可能影响愤怒的激素也受我们的基因影响。

睾酮的复杂影响

在这里，我将谨慎地继续说明，因为没有什么比谈论睾酮与愤怒和攻击性的关系更让我紧张的了。考虑到睾酮与生物学性别的关系，任何暗示"睾酮导致攻击性"的讨论最终都会被一些人解释为"睾酮就是男性比女性更具攻击性的原因"。这种说法由于多种原因而导致了不公平。首先，使男性比女性更具攻击性的原因有很多。其次，睾酮不一定会增加愤怒和攻击性，至少不像人们想象的那样。

以下是我们所知道的关于睾酮、攻击性和愤怒的情况：睾酮是一种性激素，在男性和女性的性成熟过程中起作用。在青春期，睾酮与性器官的进一步发育、肌肉大小、骨骼生长等有关。除了这些，睾酮还有促进性欲的作用，即在性唤起之前和期间被释放出来。从历史上看，我们有充分的理由认为它是人具有攻击性的一个生物学原因。然而，我们最近发现，这种联系非常小，可能没有大多数人想象的那么紧密。

睾酮的数据似乎可以用于预测攻击性，但其中有相当多的混淆因素（意味着它不能单独预测攻击性，也不能预测所有类型的攻击性）。关于这一点的大部分研究都是在动物身上进行的，并且相关的发现是，由于睾酮与社会地位的追求有关，它似乎更能预测社会形式的攻击性。[23] 例如，在大多数哺乳动物中，它是预测统治地位或领地侵略（由权力、财产或欲望引起的身体暴力）很好的指标。但是，它不太能很好地预测动物的捕食性攻击或防御性攻击程度。

大多数关于人类的研究，尤其是近期，都是相关性研究。研究人员基本上测量了参与者（主要是男性）的睾酮水平和暴力史，并寻找两者之间的关系。他们发现，攻击性与犯罪的严重程度有关，包括强奸和谋杀，但与非暴力犯罪，如盗窃或药物滥用无关。从表面上看，这似乎是睾酮水平决定攻击性的相当有力的证据。然而，每当我们进行相关性研究时，就会出现方向性的问题。到底是高睾酮水平导致了暴力，还是暴力促进了睾酮水平的增加？❶[24]

最近，随着睾酮替代疗法的使用增加，针对睾酮对人类愤怒和攻击性影响的研究更加深入了。研究人员已经能够通过实验操纵睾酮水平，他们可以评估这种操纵对情绪和行为的影响。例如，在最近的一项研究中[25]，研究人员将男性参与者分为两组，一组服用睾酮，另一组服用安慰剂，并让他们玩电子游戏。然而，参与者不知道的是，他们使用的操纵杆是有缺陷的。这意味着参与者无法获胜并获得他们被承诺给予的奖励。❷ 他们发现，服用睾酮的组别并不比另一组更具攻击性，但这一组确实比另一组更愤怒。这项研究只是过去 15 年中一系列研究中的一项，说明了一种有趣的关系，即外源性睾酮似乎会导致愤怒增加，但不一定会导致攻击性

---

❶ 1978 年杰夫科特（Jeffcoate）及其同事的研究发现正如预料的那样。他们把 5 个男人关在一条船上，时间长达两周，并每天监测他们的睾酮水平。他们还每天对这些人的攻击性进行评分。结果发现，随着这些人建立等级制度，他们的睾酮水平也随之变化。他们得出结论：在某些情况下，社会互动可能会改变人类的内分泌状态。

❷ 已长大成人的瑞恩觉得有缺陷的操纵杆研究设计很搞笑。他玩过很多电子游戏，也见过很多玩电子游戏的人，知道这会有多么令人沮丧。孩童和青少年时期的瑞恩热爱电子游戏并非常认真对待，他觉得这种研究设计让其难以接受。

增加。

睾酮水平引起的愤怒部分源于睾酮在追求权力欲望中的作用。渴望获得更高地位的人在追求欲望满足受挫时常常会感到愤怒。这是一种目标受阻的形式。他们希望自己的成就得到认可（工作地位、运动成就，甚至像上述研究中的电子游戏中的胜利），当他们没有实现这些目标或者感觉不被认可时，他们会感到愤怒。当他们得不到他们认为应得的东西（包括认可）时，他们就会生气。

综上所述，这一切意味着什么？首先，睾酮水平与动物中某些类型的攻击性有关，但与人类攻击性相关性很小。其次，睾酮水平与动物和人类的权力追求有关。然后，睾酮的实验性操纵表明，它确实会导致目标受阻时的愤怒反应。最后，在人类中，权力追求可能与愤怒有关。因此，睾酮水平对人类愤怒和攻击性的影响可能是直接和间接效应的组合。高水平的睾酮水平会直接增加愤怒和攻击性的倾向，高水平的睾酮增强了对更高权力的渴望，从而间接地增加了愤怒的倾向。

回到引发讨论的问题——基因如何影响我们的愤怒——睾酮水平无疑受到我们基因的影响。我们对此已经进行了相当长时间的研究，但仅在过去的十年中，多项研究通过各种不同的方法证明，我们的基因可以解释睾酮水平。其中一项研究包括了来自40多万参与者的数据，表明：①男性和女性的睾酮水平都是遗传的；②睾酮水平高影响各项身体健康指标。[26]

当然，除非这些信息能影响我们对生活中愤怒的人的看法，以便我们能更有效地与他们打交道，否则这一切都无关紧要。我们无法干预另一个人的生物学特征，那么了解这些为什么重要？因为对我来说，这关乎我在引言中提到的一件事——我们应该尝试从同情和理解的角度接触生活中容易愤怒的人。要真正理解我们所接触的愤怒的人，我们需要了解愤怒从何而来。

环境的作用

当我在查看关于基因和睾酮的研究时，发现了一项近期的研究，它让我停下来思考。这是 2018 年的一篇论文[27]，它探讨了基因因素和童年环境因素对睾酮水平的影响。该研究的作者是杜伦大学的凯森·马吉德（Kesson Magid）博士及其同事，他们认为，童年经历比基因更能预测睾酮水平。与我上面描述的有 40 万人参与的研究相比，这是一项较小的研究，只有 359 名参与者，所以我谨慎地不据此得出太多结论。

但与此同时，它涉及了我们一直在谈论的"G×E 交互作用"中"E"的部分。我们所说的所有这些生物学差异（如基因、脑结构、激素），作为愤怒的影响因子，它们绝对根植于我们的基因。但同时，我们的经历——尤其是童年时期的经历——很重要。内森不仅是他父亲基因的产物,还是他父亲教养方式的产物。他的愤怒源自父亲的行为、父亲的世界观,以及他们关系的相互作用。在下一章中,我们将更具体地讨论这些因素以及它们如何影响愤怒。

> **小贴士**
>
> **生物学与愤怒有何关系**
>
> 如果你生活中有易怒的人,花点时间思考下什么生物学因素导致了他们愤怒的个性。在某些情况下,你可能不知道。你可能不够了解他们,无法清楚地了解任何其遗传倾向。但根据你对其生物家族史的了解(或者他们可能常做些与愤怒无关的冲动行为),回答以下问题:
>
> (1)你认为他们易怒在多大程度上与遗传有关?
>
> (2)当你知道他们的愤怒可能部分是因为他们的基因史时,同理心是否增加了?

03 第三章
情绪教养

学习表达

在我大儿子三岁左右的时候,有一次我跟妻子在厨房里进行了一场激烈的谈话。谈话的具体内容我已经不记得了,但大概跟政治相关。我们没有吵架,相反,我们俩的观点还算一致,但由于我们俩都对这个话题感到愤怒,整个讨论看上去相当激烈。我们的音量都有所提高,表情都很严肃,我站在那里,像往常生气时或者讨论严肃话题时那样,右手臂横在腹前,左胳膊肘搭在右手腕上,左手撑着下巴。❶

我儿子当时也在房间里。谈话间,我抬头看向他,发现他正摆出跟我一样的姿势。他看向我,表情也很严肃,双臂

---

❶ 老实说,我也不知道我这个动作是从哪学来的,但本书写到了这里,探究一下我怎么学会的这个动作或许会很有趣。

抱在胸前，手肘搭在手腕上，手撑着下巴。在我看来，这一幕既可爱又让人感慨。我的两个孩子都是领养的。从基因上说，我没有把任何特质遗传给他们，我们的长相也没有任何相似之处。所以此刻看到他跟我如此相像，对我来说是相当震撼的。这个有趣的例子也给了我们一个很重要的提醒：我们传给孩子的太多东西，特别是在情感发展方面，跟我们的基因没有太大的关系。

案｜例｜研｜究

西蒙娜——"我童年的大部分时间都觉得没人懂我"

当我与西蒙娜交谈时，这位即将步入不惑之年的女性形容自己"以大多数社会标准来看算得上成功"。她有一份不错的工作，经济独立。她没有结婚，也没有孩子。用她自己的话说，她过着"快乐的独居生活"。她为自己感到自豪，但同时也深知到达这一步需要付出巨大的努力。事实上，她说："我二十多岁的大部分时光和三十出头的一部分时间，都在努力摆脱那个在他人期望中成长起来的自己。"

成年后，她曾面临严重的愤怒管理问题。她形容自己的愤怒问题就像"被触发时的应激性暴怒，以及摧毁一切的冲动"。她的愤怒爆发时总是可以预见的：通常是当她感觉被误解，或者事情开始失控的时候。"最大的导火索就是别人质疑我的动机和人品。"她说。在待人接物方面，她总是以尽量高的道德标准要求自己。如果在这一点上受到质疑，她就会将之视为人身攻击。

她还提到自己有很严重的路怒症。作为工作的一部分，她每天要开很长时间的车，有时一天得开3个多小时。她说，其他司机的行为让她觉得，自己每天工作时都在拿生命冒险。正如她所描述的，开车让她感受到一种无助感，以及对他人行为的失望。这可能还是因为她对自己的要求很高。她努力做一个体贴周到的人，因此很容易被他人的草率举动激怒。

她表达愤怒的方式要视具体情况而定。在车里的时候，她会尖叫、骂人、狂按喇叭。在其他情况下，比如在与亲近的人相处时，她会变得沉默。除了内心的退缩，她有时甚至会陷入自我厌恶和抑郁的旋涡。她说自己讨厌冲突，总是尽量避免。在冲突发生时她会感到失控和无助。

这也是为什么车里是她唯一能够放肆表达愤怒的地方。在车里她有足够的安全感，因为没人能听到她的声音，而且发火的对象都是陌生人。

那么西蒙娜的性格是如何养成的呢？她表示，最近才开始意识到童年经历对她现在性格的影响有多大。"从外表上看，我的童年和青少年时期的成长条件都很优越,"她说,"我们一家住着有后院的房子,开着宽敞的汽车,父亲每天都会西装革履地去上班。"她不仅衣食无忧,而且父母提供的远超出基本需求。父母对成就有很高的要求,因为她保持了优异的学业成绩,所以她的父母支付了她上大学的费用。

然而,西蒙娜在情感上却遭受了严重的忽视,甚至是虐待。她从未被允许表达负面情绪。她父母都有酗酒的经历,而且从来没打算要这个孩子。并且她父亲小时候曾遭受过非人的虐待。尽管父母在她5岁时就已经戒酒,但作为年轻的父母,他们根本不知道该怎么做。

她对我说:"我从来就不被允许拥有任何属于自己的感受。"敏感而聪慧的她总是对一切都抱有疑问,她觉得这可能让父亲感到不舒服。父亲希望自己能是一个成功的家长,这意味着要养出听话懂事、循规蹈矩的孩子。"只要他能管教好孩子,只要我们在外人面前表现得恭顺乖巧,他就觉得自己很成功,是人生赢家。"

父亲靠"恐吓"和"精神操纵"来管教西蒙娜。西蒙娜不被允许表现出任何正常孩子该有的情绪。每当她因为什么事而不开心时,就会受到惩罚。只要流露出一点点负面情绪,就会招来责骂。"别哭了,再哭我就给你点儿颜色看看!"父亲会这样说。与此同时,他拿自己小时候遭受虐待当作武器,为自己虐待女儿开脱,告

> 诉她自己遭受的可比她遭受的厉害多了,所以她没资格抱怨。
>
> 长大成人后,西蒙娜开始着手应对这一切。她在接受心理治疗,努力克服对冲突的不适感和愤怒问题。她对我说:"在一个完美的世界里,人们会努力做到不去轻视、否定和伤害他人。"她最希望得到的就是被理解。"我童年的大部分时间都觉得没人懂我。"她说。她真正渴望的,是别人能真诚地对待她,倾听她的心声。

婴儿的情感

就像上一章提到的内森,西蒙娜的例子也生动地展现了一个成年人的情感是如何根植于童年经历和成长环境的。小时候的西蒙娜不被允许表达负面情绪。❶ 每当她表现出愤怒、恐惧或悲伤,就会招致责骂,甚至更糟糕的情况。父亲的反应让她感到害怕。这就是我们学习哪些情绪可以表达,哪些不能表达的方式之一。

---

❶ 我真的尽量不把情绪简单划分为积极的和消极的两种。我并不这样看待情绪。情绪只是一种感受状态,它为我们提供关于外界的信息,本质上与饥饿、口渴或其他生理状态并无二致。话虽如此,但情绪的确会给人负面的感觉,就像西蒙娜的体验那样。

我们对人类愤怒情绪的认识，源于我们对人类情感发展的总体理解，而这一切都始于婴儿时期。婴儿的情感非常简单。刚出生时，基本上只有满足和不满（表现为哭闹）两种状态。不满通常源于生理需求得不到满足。婴儿会因为饥饿、疲倦、需要更换尿布、太热或太冷等原因而哭闹。眼泪和哭喊本质上是对生活中不如意的抱怨，也是让需求得到满足的一种机制。此外还有一种惊吓反应，是对恐惧的最原始表达。但除此之外，婴儿并没有太多其他情感体验和表达。即使是刻意的微笑这样一种早期情感表达，也要在宝宝出生一个月左右才会出现。❶

婴儿最初的这些基本情感体验和表达方式，会随着时间的推移演变得更加复杂。随着生理和认知的成熟，我们获得了感受新事物，用新的方式表达情感的能力。身体的发育意味着我们可能会遇到新的刺激。视力的提升让我们能更清楚地看到照料者的面部表情，与他们"交换"微笑。但这也意味着，我们能看到他们离开房间，从而增加了一个新的难过的理由。学会走路可能会给我们带来兴奋感，但也让我们面临新的危险，比如一段楼梯或一个滚烫的炉子都可能会让

---

❶ 家长们经常会质疑这一点。"我家孩子一出生就会笑了。"他们会这样跟我说。这里的关键词是"刻意"。早期的笑容通常并非刻意为之。婴儿需要一段时间才能学会有意识地控制面部肌肉，更不用说学会微笑来表达愉悦和幸福了。

我们受伤。我们用新获得的身体机能以不同的方式表达情绪——微笑、挥拳、逃跑等,并且开始用语言表达情绪,这些都是需要学习的。

智力的发展也是这些变化的原因之一。刚出生时,我们完全不知道别人在评判我们。随着成长,我们开始意识到,其他人是独立的个体,有着与我们不同的动机。这种认识催生了羞愧、尴尬、自豪等新的情绪。就愤怒而言,我们对激怒自己的原因有了更细致的理解。婴儿可能仅仅因为得不到想要的东西而沮丧。但随着成长,我们开始理解得不到想要之物背后的原因。或许这有助于缓解愤怒("他们不给我是因为这很危险"),也可能加剧愤怒("他们就是故意刁难我")。

> **关于愤怒的事实**
>
> 人们有时在别人的愤怒完全表达之前,就不经意地强化了别人的愤怒。他们如履薄冰,试图防止对方的愤怒爆发。他们担心某人的愤怒发作,以至于在愤怒还没有充分表达时就开始迎合对方。

这些情感体验和表达方式的个体差异,部分源于我们各自不同的情感学习历程。在我们的情感发展过程中,通过接触照料者以及观察他们对事物的感受,我们逐渐了解了如何感受事物。这里有 3 个基本的心理学概念可以解释这种情感发展：强化、惩罚和示范。

强化、惩罚和示范

强化和惩罚是心理学中最基本但也最容易被误解的概念。可以这样理解：如果你想增加某种行为未来发生的可能性（比如说"请"和"谢谢"），就使用强化这一方法；如果你想减少某种行为未来发生的可能性（比如打人），就使用惩罚这一方法。所以如果你表扬孩子，对他说"请"，就是正强化；但如果你因为孩子哭而责骂他们，就像西蒙娜的父亲对她做的那样，那就是在惩罚。这些都是有意使用奖励和惩罚的例子，在情感方面经常发生，但很多行为的强化和惩罚其实并非有意为之。

事实上，在情感发展的过程中，我们经常看到这些无意的强化和惩罚（有时人们将它称为"自然后果"）。我们的情感表达方式，有些是与生俱来的（如哭泣、惊吓），有些则是随着发展而逐渐出现的（如微笑）。这些表达方式会受到照料者有意或无意的强化或惩罚。比如，当孩子哭的时候，家长可能会说："嘿，像你这样的男子汉是不会哭的。"但另一个家长面对同样的行为可能会说："没关系，尽情发泄出来吧。"这两个孩子得到的关于眼泪是否可以恰当地表达出来的信息截然不同。第一个孩子因哭泣受到了温和的责备,第二个孩子则得到了鼓励。下次,第一个孩子可能会更努力地忍住眼泪,而第二个孩子则更有可能放声大哭。

> **小贴士** 想一想,你可能无意中做了什么强化了他人的愤怒表达。你是立即屈服于他们的要求,还是试图为他们解决问题以减轻愤怒?

这些强化和惩罚不仅来自照料者,孩子们也会从同伴那里得到反馈。当他们在学校表现出害怕时,可能会受到同学的嘲笑。但当他们表现得泰然处之、勇敢,甚至咄咄逼人时,可能会被称赞酷和强悍。在愤怒方面,我们来设想一下童年时期对特定愤怒表达的奖励或惩罚可能是什么样的。

愤怒往往是照料者传达的信息非常明确的情绪之一,可能是因为它与攻击和暴力有关。孩子生气时,通常会以言语或肢体的方式发泄,这可能具有危险性,或者是照料者不想鼓励的。这些发泄行为通常会被迅速处理,所以孩子们经常因为特定的表达方式而立即受到斥责。例如:

- 因为对兄弟姐妹大吼大叫而受罚。
- 被要求回房间,直到冷静下来。
- 因沮丧时说脏话而受到训斥。

- 因深呼吸而受到表扬。
- 被教导并鼓励去打枕头或对毛绒玩具发泄。❶

但这些只是与愤怒相关的公开和有意的奖惩例子（通常是父母和老师有意施加的）。因为愤怒是一种社交情绪（我们最常在社交情境下感到愤怒），所以会出现各种自然的奖励和惩罚行为。例如，父母可能非常害怕孩子发脾气，以至于一再屈服于孩子的愤怒，从而间接鼓励了孩子下次再这样做。孩子因此明白了愤怒可以成为获得想要东西的工具。或者，孩子的愤怒爆发可能会疏远朋友或损害关系。他们可能从中学到，愤怒是可怕的，可能是有害的。其他例子包括：

- 因为挺身而出受到同伴赞扬。
- 打东西时伤到自己的手。
- 欺负同学，从他们那里得到想要的东西。

20世纪50年代，这种被称为"行为主义学习理论"在心理学界占据主导地位。事实上，当时大多数行为主义者根本不关心情感。因为愤怒等感受不是可观察的行为，他们把注意力集中在与之相关的行动和表情上。他们研究和讨论的不是愤怒，而是攻击；研究的不是恐惧，而是回避（最常与

---

❶ 遗憾的是，这是父母和心理学家所提供的非常常见的教导。背后的想法是，我们希望教导孩子以安全的方式宣泄愤怒，这样他们就不会把愤怒憋在心里进而伤害自己。但有大量的证据表明，这种发泄实际上只会助长愤怒和攻击行为。

恐惧相关的行为）。但这对该领域产生的影响非常有限，尤其是在情感方面。

然而，1961年进行的一项研究真正改变了这种思维方式。严格的行为主义者会认为，行为主要是通过我上面描述的强化和惩罚方法来学习的。我们之所以学会攻击，是因为我们的攻击行为受到了有意或无意的奖励。这项1961年的研究——可以说是有史以来非常著名的三项心理学研究之一——发现了一些出人意料的东西（至少就这种狭隘的奖惩思维而言）。

如果你不熟悉阿尔伯特·班杜拉（Albert Bandura）博士的"波波娃实验"[28]，要么是因为你没上过心理学入门课，要么是因为你很久之前上过，但忘记了。这项研究不太可能没被提到过。"波波娃实验"背后的想法非常简单——72名3岁至6岁的儿童，要么接触一个殴打波波娃的成年人，要么接触一个与波波娃友好互动的成年人。对于不熟悉波波娃的人来说，它本质上是一个充气不倒翁，底部有沙子或其他重物，被击打后会弹回来，看起来像个小丑，和孩子一样高。无论在哪个组，参与者都可以进入一个有波波娃的房间，研究人员观察他们亲眼看见成人与波波娃互动后，自己是如何与之互动的。结果没有让任何一位家长感到惊讶，但彻底改变了心理学家对学习的看法：那些看到成年人殴打波波娃的孩子也殴打波波娃；那些看到成人与波波娃友好互动

的孩子也与波波娃友好互动。❶

从很多方面看，这个结果是显而易见的。但正如我提到的，1961年这项研究完成时，心理学处于一个非常不同的阶段。当时人们认为，学习主要依靠我上面描述的强化和惩罚方法。通过观察他人来学习行为的观点（现在被称为"示范"）尚未成为公认的科学。事实上，这些发现非常重要，以至于班杜拉博士在20世纪60年代后期多次被美国国会传唤，讨论电视暴力带来的潜在影响。

在情感（尤其是愤怒）方面，这是如何体现的呢？孩子会观察和学习照料者体验和表达情绪的方式。如果孩子看到成年人通过大喊大叫来应对愤怒，那孩子可能也会大喊大叫。如果孩子看到父母生气时哭泣，那他们生气时也可能会哭泣。事实上，情感发展的一条黄金法则是，孩子倾向于以照料者的方式体验和表达情绪。以积极方式表达积极情绪的父母，往往会有以同样方式表达情绪的孩子（反之亦然）。

现在回想一下西蒙娜，她通过父亲的示范学到，愤怒应该通过大喊大叫向外表达，但当她以这种方式表达愤怒时，

---

❶ 尽管这通常被认为是一项单一的研究，但实际上它是与社会学习相关的一整套研究。它被多次引用且引用方式各不相同，引用的内容不限于班杜拉博士的理论，还包括他之后的许多学者的理论。

却受到斥责甚至更糟的惩罚。这有助于解释为什么她如此渴望宣泄，却只能在车里或独处时才感到安全。她收到的信息如此矛盾，以至于她在表达自己时感到困惑。

正如我在西蒙娜和我儿子的例子中描述的那样，孩子们基本上是通过观察照料者和生活中其他重要人物来学习表达方式的。更进一步说，他们不仅注意到他人的愤怒并模仿，还会有意识地观察他人如何应对情境，以此来判断自己应该有什么感受。这被称为"社会参照"，原理如下：当我们遇到一个新的刺激，且不确定自己的感受时，我们会看向一个我们信任的人（通常是照料者），看他们的感受如何。如果他们看起来很害怕，我们就会害怕。如果他们生气了，我们就会生气。❶ 随着时间的推移，这些集体经历教会我们在什么类型的情境下应该生气。就像我们通过观察爸爸妈妈对特定对象或情境表现出恐惧而养成恐惧症一样，我们也是通过观察爸爸妈妈在特定情境下生气而养成愤怒反应的。我们之所以特别关注某些类型的不公平，是因为我们仰慕的人在乎这些不公平。

---

❶ 随着年龄的增长，这种情况并没有停止。因为我们对自己的情绪不确定的情况变少了，所以发生的频率会降低，但仍然会发生。在工作会议上，是否曾有同事说过一些你不确定的话？你是否会看向一个你信任的同事或朋友，看他对此有何感受？

表达规则

有趣的是，孩子们通常也是在这里学习他们文化中特定情绪的表达规则。表达规则是关于在特定文化或群体中应该如何表达或不表达情绪的非正式规范。例如，在大多数文化中，男性应该避免哭泣是一个根深蒂固的观念。虽然流行的说法如此，但是这种差异并非源于生物学，它源于文化期望。男婴和女婴的哭泣频率是一样的，[29] 但男性随着时间的推移，通过奖励、惩罚和示范学会了避免哭泣。

愤怒有非常复杂的表达规则。谁可以生气，以何种方式生气，主要取决于文化和社会期望，因性别、种族、年龄和其他因素而异。例如，考虑以下几个事实：

- 在美国，即使犯了类似的罪，面对同一位法官，黑人男性更有可能被指定进行愤怒管理。[30]
- 与以完全相同方式表达愤怒的男性相比，表达愤怒的女性被认为能力较差。[31]
- 与表达完全相同内容的白人男性相比，表达愤怒的黑人男女被认为影响力较小。[32]

综合来看，很明显，人们对愤怒应该如何表达有非常不同的期望，这取决于性别和种族。同样的愤怒表达，由两个不同的人做出，人们的感知会因生气者的特征而大不相同。

让我们考虑这对人们愤怒的发展意味着什么。这实际上回到了我们讨论的 3 个要素：强化、惩罚和示范。这清楚地表明，人们因愤怒而受到的奖励和惩罚是不同的。例如，女性在外部表达愤怒时，会受到负面评价的惩罚。但男性做同样的表达，却会受到正面评价的奖励。结果是，女性可能会压抑愤怒以避免负面评价，而男性可能会外化愤怒，因为他们经常因此受到奖励。

这对示范也有间接的影响。人们更倾向于模仿与自己相似的人的行为，所以男孩倾向于模仿男性照料者的表达方式，女孩倾向于模仿女性照料者的表达方式。事实上，男性倾向于通过大喊大叫或肢体攻击来外化愤怒，这意味着他们生活中的男孩会看到并更有可能复制这种方式，最终形成了性别化表达方式的持续循环。

永不停止的情感发展

现在很明显，西蒙娜不得不应对各种不同的发展挑战。她和所有人一样，都要遵从这些不同的表达规则和期望，但也从照料者那里收到了关于合适表达方式的混合信息。不过，我在与她的谈话中发现的最令人着迷的是，她致力于不断地重新学习如何感受和表达自己。她准确地将其描述为"工作"，并说她在过去的 20 年里，一直在努力改变童年经历塑造的自己。

虽然并非每个人都像西蒙娜那样有意识地去做，但她的持续努力说明了情感发展的非常重要的一点——它不会因为你年纪大了就停止。我们的感受会因为我们的互动、示范、奖励、惩罚等而继续改变。例如，在青春期，不仅是生理上的成熟会影响愤怒——睾酮和雌激素的成熟效应在这里变得更加相关——而且社交方式上的成熟也会影响我们的情绪。

青春期开始的标志之一是我们通常所说的情感自主，孩子开始在情感上与父母疏远，更多地依赖同伴来满足情感需求。因此，在青春期，我们的父母成为愤怒的源头，而不是愤怒的解药。这种情感自主不仅正常，而且健康。最终，一个情感自主并且健康的人能够独立管理好自己的情绪，不需要照料者或朋友的帮助。

随着年龄的增长，我们开始优先考虑积极的情绪感受，而不是消极的情绪感受。这被称为"社会情感选择性"，在生命后期，我们不太愿意容忍恐惧、愤怒和悲伤等负面情绪。[33]人们越来越觉得生命短暂，不值得花太多时间感受负面情绪。成年人，尤其是老年人，倾向于坚持做让自己感到舒适的活动来避免那些负面感受。他们倾向于与亲密的朋友在一起，而不是结识新朋友，优先考虑人际关系而不是费力实现具有挑战性的目标，他们倾向于忽略让他们生气的情境和人际关系。例如，他们可能会避免阅读时事新闻，或避免与让他们沮丧的人交往。

这种避免负面感受的倾向本身并没有好坏之分。这实际上取决于结果以及它可能如何影响人们。例如，如果人们忽视时事的倾向导致他们不了解应该知道的重要问题，那可能会造成另一个问题。如果避开情感上消耗过大的活动意味着他们不参与一些应该做的健康活动（如学习新事物、与家人共度时光），那这可能是他们应该改变的。但同时，如果忽略这些情感上令人疲惫的人际关系和情况只是意味着他们可以更容易享受生活而没有后果，那就完全没问题。

关于强化和惩罚的最后思考

我们有时会忘记，奖励和惩罚将贯穿我们的一生。它们不仅仅发生在我们小的时候。因此，情感模式可能在以后的生活中发展和改变，也可能固定于特定关系，因为你与父母相处的情感模式可能与你和伴侣或孩子相处的情感模式不同。这些模式可能与你感觉这些互动的奖励或惩罚程度有关。如果你有一个让你感到足够安全且可以表达愤怒的朋友，那你可能认为你会直接展露你的情绪。但是，如果有一个同事在无意间羞辱了你，那你可能不会在工作中发泄，而找其他人发泄。

例如，回想第一章的案例研究，当伊兹说她父亲的愤怒情绪往往针对他熟悉的人，而不是他的同事或陌生人时，虽然我不能确定,但我猜测这是因为他的愤怒得到了回报,而如果他在工作中这样表达,他可能会得到惩罚。如果他像对伊兹那样对同事或老板说话或吼叫,就需要承担相应的后果。同样,他可能实际上在无意识状态下因对伊兹表达愤怒而感到被奖励。尽管这对伊兹来说是伤害,并可能最终导致他内疚。但在当时,这一定让他感觉良好,这起到了强化作用。这些奖励和惩罚行为很微妙,如果不退一步看,将难以识别。

活动:他们是从哪里学到的

回想你生活中那些易怒的人,尽可能回答以下关于他们的问题:

- 他的学习经历中,哪些方面(例如奖励、惩罚、示范)可能导致了他的愤怒?
- 随着年龄的增长,他的愤怒情绪有什么变化?
- 他表达愤怒的方式在不同的关系中是一致的,还是对不同人有不同的表达方式?
- 在与你的关系中,他表达愤怒的方式可能以哪些方式得到强化?在与你的关系中,其他表达方式可能以哪些方式受到惩罚?

通过思考一个你认识的易怒人的情况，这个活动将使你了解一个人的愤怒模式是如何形成和维持的。它探索了学习历史、年龄、人际关系的影响，以及你自己在无意中可能扮演的角色。这有助于理解愤怒的根源，找到更健康的互动方式。

愤怒的传染性

西蒙娜的易怒情况直接或间接地受到了她与父母，尤其是与父亲关系的影响。如你所见，情况通常如此。易怒的人受到基因和学习历史的影响。他们可能天生就有易怒的倾向，此外可能还有一个激发其易怒表现的成长过程。但同时，他们还受到当下和周围人的影响。情绪具有传染性，易怒的人并不是因为复杂的生活故事或他们天生就是那样，而仅仅是因为周围的人激发了他们的愤怒。在下一章中，我们将讨论在特定情况下，周围的世界将如何影响愤怒情绪的爆发。

04 第四章

愤怒的传染性

"我彻底崩溃了"

2010年5月,一群人聚集在美国俄亥俄州哥伦布市,对奥巴马总统的标志性医疗保健改革法案——《平价医疗法案》(ACA,通常被称为"奥巴马医改")表示抗议。这次抗议本身只是在美国各地发生的众多抗议活动之一,若非一段记录某人极其恶劣行径的视频走红网络,它本来不会引起人们的注意。就像许多此类抗议活动一样,一群反抗议者也来到了现场,其中包括一位名叫罗伯特·莱彻(Robert Letcher)的男子。他举着一块牌子,上面写道:"你患有帕金森病吗?我有,你也可能会得。感谢你的帮助。"

莱彻坐在那些反对医改法案的抗议者面前,这时一名男子俯下身来居高临下地教训他:"如果你是来寻求施舍的,那你来错地方了。这里可没有白吃的午餐,你得为自己想要的

第四章　愤怒的传染性

一切付出努力。"与此同时,另一名男子走过来说:"不,不,我来帮这家伙付钱。给你!"他试图把钱塞给莱彻,但莱彻没有接受,于是他把钞票扔在了莱彻身上。"你随便挑个酒吧喝个够,"他说,"到时候算我的。"然后他转身要走,却又回过头来大喊:"我说了算,什么时候给你钱!"他又揉皱了一张钞票,朝莱彻扔过去,声音更大了:"别再乞讨了!"在场的其他抗议者也煽风点火,他们甚至还为这名男子表现敌意而鼓掌喝彩。

总的来说,在这段视频中,我们看到一个令人不安的画面:在两名男子的带领下,一大群人嘲笑一位年迈的帕金森病患者。这段视频几乎瞬间传遍网络,其中一名男子的身份很快就被确认了。克里斯·赖克特(Chris Reichert)起初否认是他本人,但大约一周后,他承认正是自己朝莱彻扔钱。

说实话,相比视频本身的内容,我更感兴趣的是几周后赖克特对此事的评论。坦白讲,网上有很多视频展示好斗、充满敌意和愤怒的人粗暴对待他人的情形。通常,视频中那个表现愤怒的人不会被指名道姓,所以我们对他们平时的行为举止、价值观,以及当时真正发生了什么知之甚少。但在这个案例中,赖克特公开谈到了自己的所作所为以及背后的原因。

"我失控了,我完全失去了理智,我找不出别的原因。他完全有权利做他当时所做的事情,也许有人会说我也是,但我的行为实在可耻。从那天起我就没睡过好觉。"他接着说,"那是我第一次参加政治集会,以后我再也不会去了。"

我们可以就他的道歉是真心实意,还是仅仅为了挽回自己的声誉而进行长时间的讨论。当时,许多人对其表现表示愤慨,后来赖克特接受采访时,他还表示担心自己的人身安全。我猜测,他的道歉可能有一部分出于真心,但也有一部分是在控制损失。不过,我觉得最有意思的是,他承认正是参加这场政治集会激发了他内心的愤怒。他的回应,不管是否是发自内心的歉意,都承认了一个关于愤怒的简单事实:愤怒具有传染性。

案│例│分│析

莎拉所面临的愤怒情境:"这股愤怒显得歇斯底里"

莎拉是一家大型表演艺术中心的艺术总监。和美国几乎所有其他表演艺术中心一样,该中心因新冠疫情而在2020年3月关闭。这对她和她的员工来说是一段痛苦的经历。莎拉跟我讲,他们从事这份工作是因为他们想给观众带来欢乐。她和她的团队对待工作很认真,不仅因为他们热爱艺术,更因为他们深知艺术对于社区的价值。

莎拉对我说:"我们的目标始终是让观众尽可能获得愉悦的体验。因为我们知道,观众与台上现场表演者建立情感联结，会给他们的身心健康带来切实的益处，同时这也加深了观众彼此间的联系。我经常引用一项研究，那就是观众在欣赏演出时，他们的心跳速度会趋于同步。这种现象确实会发生，而对于我们这些选择从事这一行业的人来说，能创造这样的时刻对我们而言意义非凡。我们想尽一切努力，确保每一次演出、每一位观众都能感受到那种美妙的体验。"

可以想象，莎拉不得不停止现场演出，这对她而言是多么的痛心。当人们意识到关闭将持续很长时间后，莎拉告诉她的员工："想象一下，当我们熬过这一切时，我们将体验到何等的喜悦之情啊。当我们终于能再次在剧院迎接观众时，那一定是为了欢庆，想想到那时我们的社区会多么迫切地需要我们。"

他们在18个月后的2021年9月艺术中心重新开放后，迎来了疫情后的首场演出，但那感觉并不欢乐或值得庆祝。和许多其他场所一样，这家艺术中心要求观众戴上口罩以防止新冠病毒传播。莎拉说，她预计会有一些观众对此感到不满。此时，她已经从其他艺术中心那里听说，某些社区的人对戴口罩的要求反应很差，所以他们已经提前做好了应对争议的准备。她指示员工尽量避免对抗，在必要时友好地提醒观众并提供口罩，但不要对同一个人说第二遍。如果有人拒绝遵守，就上报给现场经理或莎拉。再次强调，目标是努力为每一位观众提供积极、友好、愉快的体验。

这场首演是为家庭观众准备的，目标受众是2岁到5岁的儿童。"从一开始就很明显，找麻烦的不止一个观众，"她说，"以前也有观众对某些东西不满意要求退款，或者不喜欢被引座员提醒。但是，这次的愤怒完全失控了。你会看到一位母亲带着一个3岁的孩子，那位母亲几乎贴在一位75岁的志愿者脸上，因为志愿者给孩子提供了一个口罩，她就大声叫骂志愿者是'杀婴凶手'。"

与此同时，莎拉也对一些家长表示同情。"我也看到一些母亲，痛苦挣扎地让自己的孩子戴上口罩。所以我们当时的感受其实很复杂，因为我对那些父母怀有深深的同情。几个母亲抱头痛哭的画面至今仍历历在目。在我们社区的其他场合，他们的孩子从没被要求戴过口罩。家长们在经历了艰难的一年半后，试图为孩子营造一个特别的日子，并为此付出了很多心血。"

莎拉决定在艺术中心外迎接观众，以便在他们进入大厅之前为其提供帮助。她说，由于人们在验票时排起了队，门口有点拥挤，所以她想趁机提醒大家在验票之前先戴好口罩。购票时，观众应该已经收到了这一信息，并在观看演出前再次得到提醒，所以这应该不会让人感到意外。"我如此努力，部分是为了在观众接触到

第四章　愤怒的传染性

工作人员之前先缓和他们的情绪。"这一决定让她经历了几次负面的互动，其中之一是，她友好地提醒一家未戴口罩的观众，进门后有口罩可以使用。"那位女士转身对丈夫说：'我早跟你说了。'"面对妻子的抱怨，丈夫大声回应道（不一定是冲莎拉）："去他的，这又不是为了别人！"

莎拉跟着这一家人往门口走，因为他们表现得太"引人注目"了。"他们声音很大，显然是故意让其他人都听见。"那天她处理的好几起事件都是如此。"感觉他们像在演戏。我不是说他们的愤怒是装出来的，或者他们内心没有某种愤怒，但他们确实在有意地吸引周围所有人的注意力。这也让人感到危险。我看得出他们有意渲染气氛，希望煽动更多的人与他们一起感到愤怒。"

她看到一位志愿者正要上前，便赶紧拦住，并请那位先生到外面去谈，"主要是因为当时周围有很多孩子。"她说，她多少希望那人干脆直接离开，而他的妻子会留下来，带孩子们看完演出。"最后他还是戴上了口罩，但在这之前，他骂我是'婊子'。我都不记得以前被人当面这样骂过。那天我被骂'婊子'至少有八九次吧，不过好像只被骂了两次'荡妇'。"

这个人还不是莎拉那天遇到的最棘手的观众。还有一个男人的行为在莎拉看来太危险了，以至于他们最后不得不报警。"他故意当众摘下口罩,向工作人员竖中指。"好几个人来找莎拉,说他们担心这个人的行为会给大家造成负面影响。当警察赶到并询问莎拉的意见时,莎拉说:"我不会要求你们当着这么多孩子的面,把这个人从剧院里拖出去,这其中还包括他自己的孩子。"因为演出就快结束了,所以他们打算暂时放任不管,熬过这一场。

然而,问题在于演出结束后还有一个特别活动,即一些观众可以与演员见面交流。很明显,这个人也打算参加,所以他不会就此离开。莎拉让警察告知他在外面等候。他被护送到外面,却一直隔着窗户盯着莎拉和其他工作人员。她把他比作笼中困兽,像动物园里的老虎一样在窗前踱来踱去。她开始怀疑自己当天晚些时候离开大楼是否安全,是否需要警察护送她到停车的地方。

最后,她说她自己挺过来了。她和员工进行了很多讨论,商量下次应该怎样应对,甚至包括是否应该坚持要求观众戴口罩。她也哭了很多次,她说自己一直在想"他们不是必须来这里,我们可以全额退款"。如果人们不愿意戴口罩,他们本可以离开,且不会有任何损失。但莎拉告诉我,她认为他们的期望其实并不过分。在莎拉所在的社区,即便有类似的政策,执行力度也并不大。很多地方都要求戴口罩,但实际上并未严格执行。

第四章 愤怒的传染性

> 观众也知道应该戴口罩，但就像在其他地方一样，他们可能以为这里不会强制要求佩戴。

情绪传染

莎拉的故事从许多角度看都发人深省，我们在后面还会多次提及。但在本章背景下，我觉得最有趣的是她对人们努力煽动他人愤怒情绪的描述。那天，新冠病毒并非唯一在剧院传播的东西，他们的愤怒也在传播。虽然他们对病毒的传播持消极态度，但却积极地传播愤怒情绪。

我和一些学生曾做了一个与此主题相关的研究项目[34]。我们给参与者提供了一些简短的案例研究，描述了一个可能引发情绪的场景。参与者要想象自己将去一个特殊场合就餐。他们提前很久就订好了位置，但到了餐厅，却发现排起了长队，订位系统显然出了问题。

排在参与者前面的那个人正在和餐厅经理交涉，他被告知预订信息丢失了。那个人（取决于故事的版本）要么愤怒要么悲伤地做出反应，大哭或大喊餐厅毁了他们的夜晚。然后，那个人带着明显的愤怒或悲伤情绪离开了餐厅。随后，参与者走向餐厅经理，得到通知说他们的预订信息也丢失了。

我们接着询问参与者，如果这种事发生在他们身上，他们会有多生气、多难过、多害怕或多开心。很明显，没人会感到高兴，也很少有人说自己会感到害怕。但他们愤怒或悲伤的程度，在一定程度上取决于排在他们前面的人是愤怒还是悲伤。如果前面那位表现得很愤怒，那么参与者的愤怒值就更高；如果前面那位表现得很悲伤，那么参与者就更悲伤。本质上，他们把前面那个人的情绪当作指引，来决定自己在那一刻应该有什么样的感受。这可以看作我在上一章描述的那种"社会参照"的变体。我们会有意或无意地观察周围的人，以判断在特定时刻自己应该作何感受。

关于愤怒的事实 根据"愤怒项目"的调查反馈，与个人目标受阻相比，被不公正对待更容易引发愤怒。[35]

我们会这样做是有充分理由的，这源于我们的进化史。当我们和一群人在一起时，感同身受并采取相应行动对我们是有好处的。我们的祖先就已经能从这种情感传染中获益。如果我周围的人感到恐惧，那可能意味着有危及我们安全的真实威胁，而我也应该感到害怕。如果周围的人在生气，可能是因为我们受到了不公正的对待，那我也应该愤怒。由于情绪能激励我们通过逃跑或反击来保护自己，来自周围人的情绪暗示可能会救我们一命。

情绪传染是一个被广泛研究的现象，从增强同理心到导致职业倦怠，很多领域的研究都与之相关。它与一对一互动、工作中的小组动力、朋友圈、家庭，以及抗议和暴乱等大规模事件都有关联性。举一个最基本的例子：看到别人微笑会激励我们报以微笑，看到别人皱眉会促使我们也皱起眉头。1998年，乌尔夫·迪姆伯格（Ulf Dimberg）博士和莫妮卡·桑伯格（Monika Thunberg）博士做了3个研究，[36] 他们向参与者展示高兴或生气的面部照片，通过测量面部肌肉的活动程度来研究参与者的反应。他们在特定肌肉群上连接电极，发现看到高兴或生气的面部照片会激活与照片表情一致的面部肌肉。高兴的面孔会引发微笑，生气的面孔会让人皱眉。

肾上腺素、兴奋和愤怒

1962年，斯坦利·沙赫特（Stanley Schachter）博士和杰罗姆·辛格（Jerome Singer）博士做了一项发人深省的研究[37]。他们招募参与者，跟他们说要参加一项研究，关于维生素如何影响视力。为此，他们给所有人都打了针。一半人注射了肾上腺素，另一半人则注射了安慰剂（但他们都被告知那是维生素补充剂）。研究报告中提到，他们使用的肾上腺素剂量可以"近乎完美地模拟交感神经系统的放电"（例如，注射约5分钟后，心率、血压和呼吸频率都略有上升，持续约20分钟）。

研究人员为参与者提供3种不同信息中的1种,关于注射的情况:"知情者"被告知注射后会发生什么,"不知情者"什么都没被告知,"被误导者"被告知关于注射效果的错误信息。之后,一个"托儿"进入房间。这实际上是研究小组的一员,但他假扮成另一位参与者。参与者和"托儿"被告知要等20分钟再进行视力测试。在这段时间里,研究又引入了一个变量:"托儿"表现出生气或兴奋两种状态之一。❶

在兴奋的状态下,"托儿"表现得有趣而活泼。他在草稿纸上乱涂乱画,用揉成团的纸玩垃圾桶投篮游戏,还鼓励参与者也加入。他折纸飞机,玩呼啦圈,还说"我感觉又变回孩子了"。❷ 在愤怒的状态下,"托儿"和参与者要填写问卷。"托儿"表现得脾气暴躁,抱怨问卷太长,对某些问题感到愤怒。问卷本身就是为了激怒人而设计的。

想象你是这项研究的参与者,你有几个不同的信息来源。你是否对注射的肾上腺素产生了生理反应?你是否被准确告知了这种反应的感受?和你在一个房间的人是生气还是高兴?最有趣的是那组被注射了药物却不知道会有什么反应的人。我认为,这组人最有可能受到"托儿"情绪的影

---

❶ 我确实认为这项研究很吸引人,它为我的工作提供了很多信息。但我可能不会把这种状态称为"兴奋",或许只是"有点儿乐观"。
❷ 这听起来就像兴奋感,不是吗?

第四章 愤怒的传染性

响。他们正经历着轻微的、类似情绪的生理反应,然而事先却毫不知情。为了解释这种反应,他们可能会参考周围的环境。

事实上,情况正是如此。那些对注射的影响一无所知或被误导的参与者,更有可能随着兴奋的"托儿"一起感到高兴,或者随着愤怒的"托儿"一起感到愤怒。在兴奋的状态下,他们加入"托儿"的游戏,甚至主动玩起"托儿"都没玩的有趣游戏。此外,在自我报告量表上,他们也表示自己更开心了。❶ 在愤怒的状态下,结果类似。如果他们不知道注射会有什么影响,就会和愤怒的"托儿"一起生气。

我喜欢用这个研究来思考上文莎拉的故事。尽管那天看演出的观众没有被注射肾上腺素,但毫无疑问,身处公共场合和拥挤空间带来了紧张和焦虑情绪。许多观众可能仅仅因为紧张,就产生了类似注射了肾上腺素后的生理反应。他们有没有意识到这一点?还是把所有的沮丧情绪都归咎于他们认为不合理的口罩政策?他们是否像研究中的参与者受"托儿"影响一样,也受到了其他观众情绪的感染?❷

---

❶ 这听起来就像兴奋感,不是吗?
❷ 正如莎拉所描述的,他们愤怒的"表演性质"让人感觉他们是在故意扮演"托儿"的角色。

> **小贴士** 当你自己或身边有人在生气时,留意周围发生的事情,即使看似无关紧要的细节也可能在影响着这种愤怒情绪。

研究中还有一个有趣且出人意料的发现是,一些未被告知或被误导注射效果的参与者,仍然把自己的生理状态归因于注射。他们在调查中明确表示,心率加快是注射导致的。研究人员把这组人重新编码为"自我知情者",将他们的数据与其他人区分开来,以研究这种归因的影响。结果发现,这组人的愤怒或高兴程度都比其他参与者低,这又增添了一项支持"我们从周围环境寻找情绪线索"这一观点的证据。

我们所处的环境很重要

关于这一切对你生活中易怒的人意味着什么,有很多值得探讨的地方。要知道,人们会受到周围人(包括你)情绪的影响,这是影响他们思维、感受和行为的诸多因素之一。你的配偶、同事、朋友、孩子——他们都会有意无意地根据他人的感受来调整自己的情绪,当你和他们在一起时,你当下的感受就成了他们情感体验的一部分。

他人的情绪并非他们无意中作为参照的唯一因素。许多研究指出了一些常常被忽视的影响因素。例如：

（1）研究表明，红色会增加人们将面部表情视为愤怒的可能性。[38]

（2）当人们认为自己是匿名时，他们在网上会表现得更有攻击性。[39]

（3）令人不舒服的室外温度与网上仇恨言论的增加有关。[40]

这里的关键不是要尝试理解可能引发愤怒的每一个环境因素，那是不可能的。重点是我们要明白，在任何情况下，都有一些环境因素（如噪声大小、当时的情境等）可能在助长一个人的愤怒情绪。

关于情绪传染，还有一点需要注意，那就是生气的人会影响周围人的情绪。莎拉那天在剧院目睹和亲身经历的敌意，是一个令人不安的例子。它不仅展示了愤怒是如何传播的，更表明愤怒是可以被有意传播的。在与她的交谈中，最令我难忘的是她形容那愤怒似乎带有"表演性质"。一些愤怒的观众在有意地把其他人也煽动得义愤填膺，他们希望其他观众也生气，以为这样就能达到自己的目的。情绪传染被当成了一种工具。

"这不是个亲社会的团体"

在与莎拉交谈后，我开始思考，她那天面对的究竟是愤怒的个体，还是一群暴民。两者的界限并不总是那么清晰。事实上，大约四年前，我就这个问题咨询过社会心理学家洛瑞·罗森塔尔（Lori Rosenthal）博士。她曾为《善与恶的心理学》(*The Psychology of Good and Evil*)一书[41]撰写过一章关于暴民暴力的内容。我想搞清楚一群人何时会从群众变成暴民。答案并不仅仅在于他们是否愤怒。在体育赛事中，你会看到愤怒的人群。在和平抗议活动中，你也能看到他们。❶

罗森塔尔博士帮我解答了这个问题。她说："暴民是一种非常特殊的人群，他们是情绪表达型人群。他们聚集在一起的共同目的是表达情绪。人群可以用积极的方式表达情绪，但暴民用消极的，甚至带有暴力倾向的方式表达情绪……他们要么有实施暴力的意图，要么有实施暴力的可能性，要么就是已经在实施暴力了。这不是一个亲社会的团体。"❷

莎拉接待的观众那天聚集在一起，并非要表达愤怒和暴力，他们是为了看一场演出。但从他们对待他人的方式，彼此的煽动，以及莎拉和她的员工感受到暴力似乎随时可能发

---

❶ 请记住，愤怒只是一种感觉，而不是一种行动。一个人可以对抗议感到愤怒，而不具有攻击性或实施暴力行为。事实上，如果他们是在一场抗议活动中，那么他们很可能会对某件事情感到愤怒。

❷ 我们有时真的会进入到一种复杂的情境中，这取决于我们如何定义暴力。在赖克特参加的活动中，那些反对奥巴马医改的抗议者正在试图阻止美国进行有意义的医疗改革。每年有数百万美国人死于医疗保险不足，所以尽管他们可能没有这样想，但他们却在无视数百万人的死亡。这是暴力吗？

生这一点来看,聚集的初衷似乎已经无关紧要了。谁还会在乎他们最初为什么来这里,重要的是他们到场后的感受和行为。

罗森塔尔博士还说了一些我觉得与此相关的有趣观点。她说:"一般来说,在社会行为的历史研究中,我们把人群定义为在物理空间上彼此接近的一群人,但我认为在当今社会,借助社交媒体的联系,人群实际上可以存在于虚拟世界中。"我认为,如果人群可以在网上存在,暴民也可以。

以贾斯汀·萨科(Justine Sacco)的故事为例,2013 年,她在登上前往南非的飞机前在推特上发布了一个关于艾滋病的冒犯性玩笑。当时她的推特粉丝不到 200 人,但在她 11 个小时的飞行过程中,她的推文引起了媒体的注意并被广泛转发,她成了一场大规模推特风暴的中心。由于当时正在飞机上,她断网了,完全不知道发生了什么。她无法道歉或删除那条推文。在这段时间里,一群网络暴民因她那条冒犯且带有种族主义色彩的推文而形成。人们对她进行残酷的侮辱(包括许多诽谤),一些人呼吁解雇她(后来她确实被解雇了),还有人说希望她感染艾滋病。一位网友甚至贴出了一张辛普森一家拿着火把的暴民图片,承认确实形成了一群网络暴民。

飞机着陆后,她删除了那条推文并注销了她所有的社交媒体账号。一天后,她发表了道歉声明[42]。乔恩·罗森(Jon

Ronson）在他的 TED 演讲❶"当网络羞辱走得太远"中讲述了整个故事[43]。

当一群人在网上聚集，目的是表达愤怒或伤害他人时，这就是一群网络暴民。愤怒不仅是一种常见的网络情绪，一些研究发现，它还是网上传播最广的情绪，人们更有可能分享令人愤怒的帖子，而不是带有悲伤、恐惧、厌恶或快乐情绪的帖子[44]。愤怒的传染效应会渗透到生活的方方面面。

最后，值得注意的是，在莎拉关于剧院重新开放的故事中，隐藏着一个非常温馨感人的情感传染的例子。她与我分享了一项关于心跳同步的研究[45]，最终证明了情感传染的力量可以被用于正面目的。当人们因为共同的目标聚集在一起，而这个目标包含了一起分享积极的情感体验时，它可以带来深刻的触动，这甚至可能帮助我们克服彼此之间确实存在的隔阂。

> ### 活动：外部影响因素
>
> 针对你生活中那个容易生气的人，回想他曾经非常愤怒的某个特定时刻（不管当时他是在对你还是对其他人发火）。
>
> （1）在那一刻，周围人的态度和情绪可能在哪些方

---

❶ TED 演讲是一种非营利性的活动，由美国的 TED 组织举办。——编者注

> 面助长了他的愤怒?
>
> （2）在那一刻，环境中的哪些其他因素可能加剧了他的愤怒情绪？
>
> （3）这些环境因素是否影响了这个人对导致他愤怒的挑衅因素的解读？

消极情绪的习惯性和一致性

虽然沙赫特和辛格的研究阐明了很多关于情绪传染的道理，但它同样有力地揭示了个体理解在愤怒过程中扮演的角色。当人们搞不清楚自己生理唤醒的根源时，他们会寻找一种在自己看来合理的解释。他们会依据手头的信息（不管准确与否）来决定自己的感受。影响他们感受的，不仅有周围的人和环境，还有他们自己对人和环境的理解。

在讨论引发愤怒者的情绪体验和表达方式的各种因素时，我尚未触及我认为最重要的一点：易怒者的世界观。因为尽管有基因、神经、发展和环境等方面的影响，判断一个人是否容易愤怒的最佳预测因素还是他们的观念。他们如何看待世界、如何看待他人、如何解读眼前的具体情况，这些才是更重要的。我们知道，有些人会习惯性地以一种令自己愤怒的方式看待周遭的事物。

05 第五章
易怒者的世界观

在错误假设的基础上得出结论

通过倾听一个人在生气、悲伤或害怕时所说的话,你便可以大致了解这个人的认知体系。人在面对痛苦的瞬间说的话往往是不加思考的,而这会暴露出他们对自己和他人的看法,以及对自己应对能力的评估。比如,一个生气的人可能会用这样的句式:

- 人们就应该……
- 他们这样做是因为……
- 每次都是这样……
- 行吧,现在一切都毁了……

类似这样的话被亚伦·贝克(Aaron Beck)博士——一位杰出且著作等身的精神病学家、作家和学者——称为"自动想法"(automatic thoughts)。他认为这些想法是了解一个人如何看待自我和他人的重要途径。他认为类似的想法是导致大多数人心理焦虑的主要原因。他在 1986 年曾经说过："大多数的心理问题都集中在对生活压力的不正确评估上，在错误的假设上进行论断，最终得出自我否定的结论。"[46]

贝克博士对于整个心理学和精神病学领域的影响大到难以描述。这不仅是因为他著作等身（出版了 20 多本书、发表了数不胜数的期刊论文），实践经历丰富，更重要的是，他为人类对心理疾病的理解提供了一个崭新的思路。在他 2021 年去世后，《纽约时报》发表的一篇文章中曾这样描述他的方法论："这是给弗洛伊德分析法交上的一份答卷：一个治疗焦虑症、抑郁症和其他心理疾病的实用思维监测法。精神病学从此不同以往了。"

不过，贝克的方法最令人称赞的还是他的开发过程。他当时系统地学习了心理动力学理论，成了一名职业精神分析师，这也就意味着他使用的治疗技术是弗洛伊德学派的。这可能包括解梦、自由联想或者其他以挖掘客户潜意识里的欲望、想法和记忆为目标的策略。但从业了几年之后，他越来越不喜欢这套方法，认为它缺乏科学和论据支撑。

他在使用心理动态疗法治疗抑郁症患者的过程中开发出了自己的一套新方法。他发现患有抑郁症的客户经常发表一些诋毁自己的评论，类似于"我真没用"、"没人喜欢我"或者"没有希望了"。他之后将这些称为"自动想法"，意在描述那些影响着人们感受和行为的下意识的想法。尽管大部分的时间（尤其是早期工作）都放在了研究抑郁症上，他后来也开始逐渐关注其他情绪问题，直到1999年他写了本关于愤怒、敌意和暴力的书。[47]他在书里描述了易怒者常有的思维，包括以自我为中心、轻易过度概括，以及对事情持有强烈的偏见。他的这些想法对整个心理学领域影响深远，我在这一章后面提到的许多思维模式也会用这些来举例。

案│例│研│究

> **以法莲——"当我感觉这个人懂得比我多时"**
>
> 以法莲是纽约市一名30岁的图书馆管理员。他认为自己是易怒的，很容易发火。他描述自己的愤怒"来得很猛烈，有时候不知道为什么，但很快就过去了"。他说自己很喜欢图书馆管理员的工作，尽管自己不是那种所谓的"社交达人"，并且很容易被某些顾客惹怒。他已订婚并与未婚妻同居，未婚妻也是见证他愤怒最多的人。他们俩之间也经常聊起这个话题。他现在正在接受心理咨询，不仅针对愤怒本身，还包括对愤怒的感受。
>
> "我从小就爱生气。直到长大之后我才意识到这一点。噢，我以前真的很糟糕。我非常易怒，愤怒让我变成了一个糟糕透顶的人。"他生气时会提高音量，有时

第五章　易怒者的世界观

会扯着嗓子吼身边的人。他觉得这是一种生理反应，仿佛整个身体都参与其中。他描述这种感觉为"一种压迫感，发泄出来才能释放这种压力"。这也不能算是有意识地自主缓解压力，因为他这样的发泄从来不会事先计划。在与未婚妻的交往过程当中，他之所以能发现自己在生气，是因为他看到未婚妻被吓到了。她会在他面前畏缩，于是他意识到自己一定比想象中还要吓人。

从导致他发火的情景我们可以看出是什么想法导致了他的愤怒。他发现有两种相互之间有交集的情景特别容易导致他发怒：一是当他感到被误解时；二是当他被打断时。第二种解析起来更简单一些。他说自己有注意力缺陷多动障碍（ADHD），所以如果当他努力集中注意力时有人打断，可想而知那是多么令人厌恶的。这在他工作时经常发生，他自己也承认有些好笑，因为自己的工作本身就是要帮助他人。然而，他会在别人向他寻求帮助时感到烦躁，因为他往往手头在忙一些事情，别人的问询好像在拖他的后腿。

然而感到被误解，从多种层面上来讲都是更为复杂的心理体验。"当我感觉别人自认为懂得比我多时，我的脾气瞬间就上来了，"他说道，"不管他们是不是真的这么觉得，只要我认为他们在想'我能比他做得更好'，我就会感到非常生气。"同样，他告诉我说："当我感觉别人不能理解我在说的话时，这对我来说又是一个愤怒的导火索。"这样的情况经常在未婚妻身上发生，也发生在工作中。

这些愤怒爆发的核心是一种不被重视的感觉。当他被打断时，他会认为别人没有尊重他的时间、目标，或者他手上正在忙的东西。当与别人产生意见分歧时，他会认为别人没有尊重他的智商或能力。我问他是否知道这种格外需要被重视的感觉从何而来。他大笑着说道："我有一个控制欲极强的母亲，她管着我做的每一件事。说的话、穿的衣服，甚至我作为孩子的情感。我从来不能做自己想做的事情或者拥有任何情感。"他说，不管是自己的观点、时间还是需求，他感觉自己在成长过程中从未被重视过。他说他小时候很多愤怒情绪是针对妈妈的。"我们会大吵大闹，"他说道。他现在意识到，自己跟母亲都是容易焦虑的人，而这让事情变得更糟。

以法莲一直在接受这方面的咨询治疗，也学会了一些处理愤怒的方法。他感到最有用的是良好的沟通。当他生气时，他会尝试告诉对方，自己需要一些时间思考自己想说什么，该如何表达。如果他预见到这将会是一场艰难的对话，那么他会通过发短信的方式开始，这样可以给自己一点儿时间整理思路和理解对方的回复。通

> 过沟通，他跟母亲的关系的确有了改善。
>
> 　　这正是他在与他人相处时最需要的。"给我点儿时间，"他说道，"如果情况正在愈演愈烈，而我没有马上回复，请不要逼我。"有时人们会认为他在故意忽视他们，但其实他没有。他只是在努力把自己的感受和想法表达出来。他也和工作上的上级一起找到了一个能让他在客户面前抽出时间的方法，那就是对客户说："没问题，我马上过来。"这样听起来既友善，告诉了客户他马上就会过去帮他们，又给了他时间整理自己的思绪，并能很好地暂停手上正在忙的事情。

令我们生气的世界观

　　从以法莲的例子中我们可以看到，一个潜在的世界观是如何导致特定的"自动想法"，进而导致愤怒的。他内心深处似乎坚信着自己是不被这个世界所理解的。他带着这种潜在的价值观去面对各种情况，而这种价值观也每时每刻影响着他对每次互动的理解。坦率地讲，以法莲觉得世界不理解自己这一点可能并没有错。这里不是在说他的或者任何人的世界观是不对的或者有缺陷的。世界观的存在仅仅是像一个滤镜，它影响着我们经历事情时的体验。

贝克将这些广义的世界观定义为"图式"（schemas），并定义了"认知三要素"所涉及的图式：自我认知、对他人的认知以及对未来的认知。贝克认为这三点构成了一个人的信仰体系。比如，一个抑郁的人可能会有这样的认知：

- 自我：我不够格。我不成功。我毫无价值。
- 世界或外部环境：人们不喜欢我。别人都比我强。他们都觉得我不重要。
- 未来：未来看不到希望。事情一直都会是这样。事情会更糟糕。

以此类推，一个易怒的人可能会有这样的认知：

- 自我：我有权得到某些东西。我的欲望比他人的要重要。
- 世界或外部环境：人们会让我失望。别人会妨碍我。这个世界本来就是不公正的。
- 未来：未来看不到希望。人们只会继续把事情搞砸。

这也就意味着这两类人（一类是抑郁的人，另一类是易怒的人）在面临同样的处境时会通过两种完全不同的视角看待问题，并因此产生完全不同的情绪反应。

> **小贴士** 找到每个情境里的细微差别，或者尝试把他人的动机往好的方面想，这有助于减轻愤怒情绪。

想象两个考试没及格的学生。抑郁的那个人可能会想："肯定是我不及格了。我天生就笨，老师也知道的，现在我怕是要挂掉整门课了。"但是易怒的那位可能会怨天尤人："这个老师什么也不懂。我没及格是因为这个考试不公平，老师教得也不好。"有趣的是，他们可能最终都会得出自己要挂科的结论，但理由完全不同。第一个人是因为觉得自己不具备成功的条件，第二个人则将自己的不及格归因于老师的教学水平不够高。

三种广义且相互有交集的愤怒思维

易怒者的"自动想法"有三大广义且互相有交集的类别：对他人的高期望值、非黑即白的二分法思维模式和灾难性思维模式。这些想法会导致或者至少会加剧他们的愤怒。

对他人的高期望值

我最近在社交媒体上描述了以下情景，并询问人们如果这些情况发生在他们身上，他们会如何应对：

你驾驶在最左道，速度稍微快过限速，逮到机会就超车。你后面的车显然觉得你开得不够快，一直顶着你车屁股开。当你正想要超车的时候，他加速从你的右道超了过去，然后故意插队到你前面，以此来报复你没有开到他想要的速度。

我随后收集了人们针对以上场景的想法。做这项调查的意图是想要知道人们是如何看待报复的重要性的。他们是会什么也不做、按喇叭，还是以其他方式报复回去。我收到了超过 2000 条回复，很多人只是回答了我的问题，但还有很多人没有正面回答我的问题，而是直接否定了这个场景，认为他们的驾驶水平不会像情境中这个人这样糟糕。具体地说，他们说自己肯定会开得更快、超车更迅速，或者提早打变道灯好让后面的车不要从右道超过自己。

在这里要声明一下，我认为我例子中的正面角色应该是个开车负责且注重安全的人，但这不是重点。有趣的是这些人并没有责怪情境中很明显的违规者，而是一股脑地责怪受害者。他们不是对那个故意超车的人生气，而是对那个他们认为开车和超车过慢的司机生气。他们中的大多数并没有暗示说那个被超车的人活该被超，但也有一些人表示开得慢的那个司机才是有错的一方。❶

---

❶ 我知道有些人读到这里怕是要尖叫了，他们肯定觉得我对这个情景的看法是完全错误的。如果你也是尖叫的人之一，请再坚持一下。我们很快就讲完了。

这个例子很精彩地说明了对他人的期望值以及社会行为的潜规则在人愤怒的过程中扮演着重要的角色。人们对别的司机应该怎么开车都有自己的看法。这些看法跟成文的法规并不一致（这个情境中的违规者比故事的主人公违反了更多的法规）。相反，他们的期望值建立在自己对于驾驶行为的是非观上。他们心里有这些非正式且明显不统一的驾驶规范，并且他们会对违反了这些潜规则的人生气，而不是对那些真正违反法规的人生气。❶

这是易怒人格的典型特征之一。他们大多对人们的行为、感受和思维方式有着相对严格的规范，并会为人们的违规而感到愤怒。这其中可能包含了苛求、责怪、揣摩别人的心理，甚至感觉别人都在针对自己。他们把自己的需求放在他人之上，对他人及其动机做最坏的假设，甚至无端加罪于他人。

以法莲总是很快对他人对自己的看法下结论，从这也能看到后文提到的非黑即白的二分法思维模式。他假设了别人对自己的看法，这些假设随即影响了他的情绪。如果他感觉别人认为他很傻或者比他强，他就会生气。他承认自己没有

---

❶ 顺便说一句，在一群人"站队"这个违规者的同时，另一群人很快"站队"了受害者。人们开始在网上针对一个虚构的场景中的虚构任务争论孰是孰非，这简直太能体现社交媒体的特点了。

理由这么想，但他还是会在没有任何证据的情况下得出这样的结论，并因此生气。

认知治疗师发现这几种想法不单单会引发愤怒，也与其他情绪问题有关。接下来我会列出一些类似的想法，并举例说明它们与愤怒之间的联系（注意，这些想法相互之间有很大的交集）。

- **错误的归因或指责**：这是指人们对导致某件事的原因产生误解，并错误地将责任归咎于他人。他们可能会推测某人做某事的原因，或者干脆直接错误地责怪那个人。这在一个愤怒的场景里可以表现为如下的说法："我打赌他这样做是因为……"或者"他们是故意的"。
- **苛求**：这是指人们把自己的需求和欲望凌驾于他人的需求和欲望之上。他们认为自己的需求比别人的需求重要得多。当服务员上菜的速度比他们期待的要慢时，他们可能会说："不管他现在在忙什么，都得赶紧过来。"
- **对他人的约束**：苛求的一种变体，他人导向的应该是指人们对他人的行为有严格的要求。这些规则不见得总和其他人的规则一致（比如讲话要有礼貌，开会不能迟到等）。当人们违反了这些规则，易怒的人就会特别生气。❶ 上述超车情景就是一个很好的例子。
- **对行为改变的期望**：这是指人们期待他人改变行为以达到自己的期望值。他们认为自己的同事、朋友和家人会为了他们改变自己的行为。当别人没有像他们期待的那样做出改变时，他们就会生气。
- **妄下结论**：易怒者往往会在没有充分证据支持自己立场的情况下就对某件事做出负面的定论。尽管没有充足的理由，他们会没来由地把别人的意图往最坏的方面去想。比如当老板叫他们开会时，他们会觉得老板一定是要给自己增加工作量。
- **认为自己被针对**：这是指当人们把实际上与自己无关的事件想成与自己有关的。他们总觉得自己被针对了，并认为别人是在处心积虑地算计自己。易怒者可能会觉得别人的行为动机是出于怨恨或者报复。"他们这样做就是为了报复我"。

非黑即白的二分法思维模式

最近，我对美国枪支暴力的立场让我成了社交媒体上许

---

❶ 这可能跟本书主题不太相关，但是还有一种自我约束，用来形容人给自己立下的规矩（我应该每天锻炼，我应该完成所有工作）。履行自我约束的人相比之下会更容易感到难过或生自己的气。事实上，"愤怒项目"的调查结果显示，41%的受访者极有可能生自己的气。

多愤怒人士的攻击对象。我坚定不移地倡导美国加强对枪支的管控，并且经常在社交媒体平台上讨论这个问题。❶ 然而有趣的是，当我这么做的时候，一种典型的易怒者的思维模式出现了。枪支爱好者免不了过来攻击我想要"禁枪"的想法。他们会说："想从我手上把枪收走，做梦去吧！""要是禁枪的话，唯一能拥有枪支的就是罪犯了。""不如我们把汽车也禁了吧，被车撞死的人可比被枪打死的要多多了。"

这样的评论让人感到奇怪，我从来没有提倡禁枪，更没有说过要没收任何人的枪支。他们听到的是"枪支管制"（可能意味着把枪锁起来，或者在持枪前接受更多培训），脑子里却自动翻译成了全面禁枪和没收所有的枪。最后，他们基于这样的想法给出了回复，而不是回应我的实际主张。这种非黑即白的二分法思维模式在很多易怒者的世界观里都可以看到。

非黑即白的二分法思维模式是指人们把事物简单归类为全坏或者全好。他们会把一种情况或想法打上一个固定的标签，而没有考虑到其中细微的差别。比如，当我写这段话的时候，外面正下着倾盆大雨，并且可能要持续下几个小时。我可以说这个情况糟糕透顶或者令人失望至极，因为我等下

---

❶ 我对枪的态度不可避免地要回到我对愤怒和其他情绪的研究上。想象任何一个有情绪爆发的场景，如果再加上一把枪，那么整个危险系数都提升了。

不能出门跑步了，孩子们也没法去外面玩了。然而，这么想会让我忽略一个事实：下雨会浇灌我非常需要水的花园（更别说当地的农民和庄稼地了）。下雨本身并不是件坏事。下雨就是下雨，它对我和社会上的其他人产生的影响可以是积极的也可以是消极的。

这种思维模式也可以被用来描述人。易怒者会忽视人类动机的复杂性，而简单地把别人打上残忍、愚蠢或者不诚实的标签。他们通过这些滤镜一般的标签去理解他人的行为。当一个被标注为不诚实的人试图给自己开脱时，他一定是在撒谎。当一个被标注为愚蠢的人提出解决问题的办法时，会被直接忽略。

现在我们应该可以分清哪些思维模式属于这种非黑即白的类型了吧。以下是我们可能从易怒者身上看到的一些想法，包括这些想法如何导致愤怒的例子：

- **过度概括**：这是指将某一次的体验夸大成一种规律的倾向。当一件事发生时，易怒者会认为这件事总是发生而不是仅仅发生了一次。比如，当孩子忘记做作业时，一位易怒的家长可能会说："他怎么老是忘呢？"或者"他也太不负责任了"。
- **煽动性标签**：这是指他们给他人或当下场景以极其负面甚至残酷的方式贴上标签的行为。易怒者会把事情描述得糟糕透顶，好像天都要塌了。他们会把他人描述成彻头彻尾的白痴、傻瓜或者一无是处的人。他们这样做的时候并没有注意到人类要比他们表面上见到的复杂许多，他们在某一刻做某事的动机也是一样复杂。

- **不同的公平准则**：有些人会从一件事是否公平的角度做出他们的评价，但是他们所认为的公平和其他人所认为的公平并不一致。之所以会生气，是因为别人不见得认可或同意他们所认为的公平。例如，配偶中的一位可能会想："我做了晚饭，那他今天得扫地才公平吧"，然而由于对方并不这么想，二人就会生气。
- **把观点当成事实**：人们有时会把自己的观点误认为是事实，意味着他们认为自己对某件事的认知代表着别人也要有同样的认知才行。[1]"我认为《卡萨布兰卡》是有史以来最好的电影"会变成"《卡萨布兰卡》就是有史以来最好的电影"，如果别人不以为然，他们就会生气。

---

[1] 在我儿子九岁的时候，有一天他对一个播客的内容特别生气，因为里面有一些影评人贬低了他很喜欢的一部电影。他对那部电影的热爱让他不敢相信竟然会有人不喜欢这部电影。我们在孩子身上看到这种行为是很正常的，但随着他们对他人的世界观产生更深刻的理解，我们期望看到的是他们能够逐渐摆脱这种情绪。

灾难性思维模式

我们会以两种不同的方式解读我们遇到的所有情况或经历。我们会先尝试理解事件本身。在我们生气时，我们首先会看是谁或者是什么事激怒了我们，然后决定它对我们意味着什么。这就是我们上面讨论过的很多想法出现的地方。我们会判断是谁做了什么事，他们为什么要这么做，这件事是好是坏，对我们产生了什么影响等。我们称这个阶段为"初评价"。

当初评价进行完后，我们会开始评估这件事对我们来讲有多坏的影响，以及它是否在我们的承受能力范围内。这叫作"再评价"，它对我们是否会生气以及生气程度来讲至关重要。比如在有些情况下，某人的行为非常恶劣，但对我们的影响并不大，所以我们可能不会特别生气。如果我排队买咖啡的时候被人插队了，我可能会想"他们是故意这么做的，行为本身也很粗鲁，但反正我现在不赶时间，所以没什么大不了的。"这么想的话，我可能会对这个人有一点儿生气，觉得他不尊重人，插队很不公平，但不会特别生气，因为这件事对我的影响实在不大。但是如果我这么想："这下我上班要迟到了"或者"这个人要把最后一个甜甜圈买走了"，我大概率会更加生气。我对后果的理解决定了我的愤怒程度。

你生活中的那个易怒者可能也有灾难性思维的倾向。像上文提到的以法莲，他特别讨厌别人打扰自己的工作，因为他把这种打扰看得很严重。这种情况很有趣，因为他也认识到了人们来向他寻求帮助这件事本质上并没有错。他的工作就是去帮助他们的。所以初评价本身不见得会导致烦躁或者愤怒。他没觉得人们做的事有错。然而，当他在再评价中评估自己的应对能力时，愤怒产生了。由于患有多动症，他本来就很难集中注意力，所以这些打扰对他来说更具有破坏性。

易怒者常用的思维模式也分为三种。但是首先我要声明的是，有一些状况确实是灾难性的。人们有时候确实会经历一些负面情况，我不想弱化这一事实，这不是我的初衷。我在这里想说的是一种夸大事实的倾向，不是要否认有时事情真的很糟糕的情况，在那种情况下愤怒和其他情绪都是合理的。

- **灾难化**：最明显的一种情况，也可以被灾难性思维这一广义定义很好地概括。易怒者经常会夸大事实，将事件的后果想得相当负面。他们会认为自己正在经历这辈子最糟糕的状况，它甚至能毁掉他们的一天、一周乃至是整个事业。当同事忘了完成一项任务时，他们可能会说："我的进度落后太多了。我的一天就这样毁了。"

- **情绪化推理**：当人们进行情绪化推理时，他们会开始相信自己的情绪反映了某种特定情况的真相。例如，当感到愤怒时，人们会觉得眼下的情况是糟糕透顶、不公平或不公正的。尽管这件事可以有多种解读，但他们却注意不到。
- **忽略积极因素**：这是指人们只留意生活中负面的事情，而不承认任何正面结果。他们自动过滤掉那些积极的经历，只注意到不顺心的事情。所以一个易怒的人可能会过度关注今天发生的那件倒霉事（航班晚点、餐馆预订被取消等），觉得自己的一天都被毁了，而忘了当天发生的顺利的事或者他们享受到的乐趣。

关于愤怒的事实	具有易怒性格的人更有可能产生上述三类想法，即：对他人期望过高，非黑即白的二分法思维模式以及灾难性思维模式。[48]

我们世界观的起源

这些思维模式我们只需要看一眼，就能发现它们与愤怒之间有明显的联系（更不用说悲伤、害怕等其他情绪了）。

一个倾向于把事情灾难化的人会在头脑中把坏事严重程度加倍，从而导致愤怒程度也加倍。过度概括的人会倾向于把发生的个体事件想成某种规律性的事件。当他们的配偶因为加班而破坏了他们二人的计划时，他们会想"他总是这样"，并因此倍感烦躁。从忽略正面因素到无理苛求，再到设置煽动性标签，这些思维模式会加剧人们的愤怒和攻击性，这也是显而易见的。

事实上，研究也已经证明了这一点。有关这些思维模式的研究一致表明了愤怒、悲伤和恐惧都与这些想法有关。拥有这些想法的人不仅是更易怒，也更容易以不合时宜甚至危险的方式表达愤怒[49]。这些研究发现对于心理治疗和自助也有很重要的影响，因为我们针对这些想法进行的干预往往会很有效。与贝克最初的想法一致，研究已经确认，最有效的帮助易怒者的方法正是帮他们改变这些想法。当人们把令人生气的想法替换成更合时宜的想法时，他们就不至于那么生气了，也可以用更健康的方式表达愤怒。

不过，同时吸引我的是思考这些想法是从哪里学到和如何形成的。为什么有些人更倾向于拥有这样的思维模式？以法连在讲述他这种总被误解和贬低的感觉的源头时曾对此发表过很重要的见解。他讲了他充满掌控欲的母亲，以及他小时候是如何感觉自己的情感和想法没有得到重视。在他的一生中，被误解是件极其寻常的事，也是一直令他感到烦躁的原因。

我们的思维倾向和情感倾向有着类似的形成机制。当看护者用表扬或责骂的方式鼓励或阻止了我们的一种思维倾向时，我们便通过奖惩机制学会了一些思维模式的应用。当一名考试失利的孩子说"那不能怪我，考的东西老师没教过"时，家长可能会同意并且支持他们，这便是奖励。或者家长会责骂他们怨天尤人，这种惩罚会促使孩子变换思维模式。家长也可以用其他不同的方式去解释这种情况，因此引导孩子拥有不同的思考方式。

尽管如此，我们世界观的形成大多来源于榜样学习。看护者会将自己对于日常经历的想法说出来，我们便以此学习他们思考事情的方式。当我们的父母说"看这个傻子"，或者"你每次都是这样"，或者"行吧，现在一天都毁了"，我们就会学到类似的看待事情的方式以及思维模式。我们之所以开始给人贴标签、过度概括和灾难化事件，也是因为有人在我们眼前这样做。同样要注意的是，尽管看护者是我们早期成长中的重要影响因素，但他们并不是唯一能造成影响的。就像我们的情绪一样，我们的世界观也是在跟兄弟姐妹、朋友、老师、我们关注的明星或者领袖等的互动中建立起来的。

> **活动：分析他人的想法**
>
> 再一次回想你生命中的那个易怒者，回忆一次他非常生气的时候，但这次密切留意他的思维路径。他说的哪些话中透露了他的想法？
>
> （1）结合前面讲述的不同类别的思维模式，这个人最符合哪一种？
>
> （2）这些想法如何反映出指导他看待这个世界的世界观？
>
> （3）据你所知，他成长中的哪个环节影响或导致了这种世界观的形成？

"给我些时间"

我觉得以法莲针对"人们如何能更好地与他相处"这个问题给出的答案既有趣又重要。他说："给我些时间。"他并没有让别人为他做很复杂的事情，或者为了照顾他的情绪而忽略自己的情感。他只是需要人们在他给出回复前，给予他充分的时间和空间去处理他的想法和情绪。他需要更长的时间来适应变化，并且需要他人也意识到这一点，从而给他这个机会。

以法莲给我留下的印象是，他是一个比我们接触到的大多数人都敏感、细腻且富有洞察力的人。他的体贴也让我印象深刻，因为我们一般不会对易怒者的体贴抱有任何期待。他很担心自己的愤怒会对他人造成什么样的影响，尤其是他的未婚妻。我们见到的大多数易怒者不会有同等程度的深思熟虑，在与他们打交道时人们也要付出更多。在第二部分，我将介绍有效应对易怒者的十种策略。

第二部分

与愤怒者打交道的十大策略

PART 2

06 第六章
策略一：厘清你的真正诉求

"如果他不想知道我的想法，就不该问我"

我一个朋友最近给我讲了一件和愤怒相关的不愉快的事情，这件事发生在她和公公之间。作为一家人，他们当时正在处理一些复杂的健康问题，需要做出一些艰难的决定。我朋友的公公问她认为他们应该怎么做。她诚实地给出了自己的建议，尽管她知道对方不会喜欢。然而令她没能预料到的是，公公竟会如此不喜欢她的建议，以至于听到之后勃然大怒。

公公当时气得脸色铁青。我朋友随后收到了公公的一封邮件，内容中充满了愤怒和敌意。他质疑她对这个家庭的承诺，并斥责她无权说那些话。当她试图解释自己只是应他的要求提供想法时，公公又回了一封更加咄咄逼人的邮件。这次她决定不再回复，公公也没再做进一步的回应。在跟我讲述这件事的那段时间里，她的公公已经断绝了与她的往来，尽管还是跟她的丈夫有联络，但态度已经变得非常冷淡。她为这一切给家庭带来的影响感到伤心和害怕。

然而，除了伤心和害怕，她还非常生公公的气。明明是他问自己的意见，自己不过如实回答了而已。"如果他不想知道我怎么想，就不该来问我。"她对我说，"他根本就不想听我的意见，只是想让我说他做得对。"现在回想起来，她宁愿当时什么都没说，只对公公说"你觉得对就去做吧"，事情也就自然过去了。但眼下她陷入了一个艰难的处境，觉得唯一的出路就是为一件自己并不感到抱歉的事情去道歉。

这件事勾起了她内心深处许多复杂的情绪，一时间她很想对公公说一些自己明知于事无补的话。她很生气，而愤怒常常使人冲动。她很想发泄，但同时她也知道，在这种情况下，按照自己真实的想法说话或行事并不能帮助她实现总体目标。因为她真正想要的，是维护丈夫和公公的关系。

> **小贴士** 学会在情绪激动时暂停一下是非常重要的，它能帮助你有效应对愤怒的人。

我们想要做的与我们应该做的

当有人对我们发怒时，我们能做的最好的事情之一就是弄清楚自己在这种情况下的目标是什么。我们想要什么样的结果，要如何实现。无论是在路边争执这样相对短暂的交涉，还是在与同事、朋友或家人在一起的复杂场合中，这个原则都适用。在做出反应之前，我们应该给自己一个暂停的机会，评估当前的情况，思考如何才能达到理想的结果。

在特定的情况下，你可能会追求几种不同的结果。举个例子，一个朋友因为你决定不参加他们的聚会而生你的气。当时他说没关系，表示理解，但你后来从共同的朋友那里听说他在背后说你的坏话。面对这样的情况，基于你们友谊的性质，你可能会有几种不同的期望结果。比如：

- 你可能希望他不再生你的气。
- 你可能希望他不要在背后说你坏话。
- 你可能想要结束这段友谊。
- 你可能想要缓解自己没去参加聚会的愧疚感。
- 你可能想要维护自己在其他朋友面前的声誉。
- 你可能想要报复他。

你可能需要采取不同的方式来实现每一个目标，更复杂的是，你可能想要同时达成其中多个目标。

在这一时刻，花时间思考你想要达成的结果可能真的很难。从定义上来说，这些都是情绪激动的场景，我们不可能时刻保持清晰的思路。在这些情况下，我们想要做的事情可能跟为了达成目标而需要做的事情大相径庭。我们往往会把注意力放在如何报复对方身上,而不是专注于自己的目标。我们会顺从膝跳反应去复仇,而不是慢下来考虑策略。顺便说一句,这种本能是有原因的,跟许多与情绪相关的事情一样,它根植于我们的基因深处。

复仇的本能

我最近在社交媒体上谈论愤怒的话题,有一个人的回复相当有见地,他说自己在面对愤怒的人时很难放下。他表示,在那种情况下试图离开会让他自己感到被削弱了,所以最后还是会做出反击,尽管他知道这不是最好的做法。

这条评论本身已经很有意思了,但同样有意思的是那些在下面表示赞同的其他读者们。人们似乎有一种非常清晰的共识,那就是在情绪激动的时刻,如果不反击就感觉吃亏了,而这正是阻止人们做出明智选择的原因之一。

关于愤怒的事实 | 报复会激活我们大脑中与奖赏相关的区域。

为什么报复的欲望如此强烈?究竟是什么驱使我们去做那些与目标背道而驰的事?2004 年,一个研究团队专门探讨了这个问题,他们特别关注人们在进行报复时大脑中的变化[50]。研究者扫描了参与者在一场匿名游戏中的大脑活动。

游戏涉及金钱交易，如果参与者诚实合作，那么双方都能获益。但如果一方想要占另一方便宜，那这方就能获得更多的利益。本质上，如果参与者想要以不光彩的方式欺骗对方，那他们可以尝试这么做，并可能赚到更多钱。

然而，在实验中被占了便宜的人后来有机会进行报复。当他们发现自己被欺骗后，有一分钟的时间来决定是否要惩罚对方，具体做法是在游戏中扣掉对方的分数。研究者利用正电子发射断层成像（PET）❶对他们做决定的这一分钟内大脑的变化进行了观察。他们发现，惩罚那些冤枉了他们的人的行为使大脑背侧纹状体这一结构被激活。背侧纹状体在对奖励的反应中起着非常重要的作用，所以作者认为，"背侧纹状体的激活反映了预期的满意度。"换句话说，想惩罚他人不仅是他们认为的正确的事情，而且他们还享受其中。惩罚给他们带来了快乐。

这充分说明了在这些时刻放下是多么困难。我们的复仇动力很强烈，报复别人对我们来说是正向的。❷就像其他与情感相关的经历一样，它很可能根植于我们的进化史之中。当被激怒或受到伤害时候做出的反应能促使我们祖先获得最

---

❶ PET 是核医学领域比较先进的临床检查影像技术。——编者注
❷ 事实上，关于背侧纹状体的研究发现，它与成瘾行为的发展有关。虽然复仇会上瘾的说法很勉强，但这说明了一些人的复仇欲望是多么强烈。

大利益，因为它向所有可能试图伤害他们或试图利用他们资源的人发出了一个明确的信息：不要惹我。复仇能带给我们愉悦感。我们的祖先（人类和非人类）选择了报复，也因此生存了下来。

但与此同时，人们已经确定，尽管复仇那一刻感觉良好，但之后往往感觉不好。在完成报复之后，人们往往会陷入思考那些消极的情绪之中。他们会继续反复思考这个局势。2008年有一项有趣的研究详细地探讨了这个问题。[51]与上面的研究类似，他们让参与者玩游戏。不过，他们在研究中嵌入了一个虚假的参与者，实际上会欺骗和激怒真正的参与者，让他们想要报复。一半真正的参与者得到了复仇的机会，另一半没有。这部分研究结束后，参与者接受了一项调查来评估他们的情绪。

研究发现了两个非常有趣的结果。第一，没能得到报复机会的那组非常希望自己能有机会复仇。这证实了我一直在描述的复仇欲。如果他们不能复仇，就会感到失望。第二，令人惊讶但很重要的一点是，没能复仇的那组在实验后比复仇了的那组更开心。他们并不知道自己比另一组更开心，还以为如果能够报复就会更开心，但事实上没有报复反而更开心。换句话说，当别人对我们不友好时，我们最好还是克制住立即反应的冲动。

第六章 策略一：厘清你的真正诉求

如何为了更好的结果避免复仇

让我们来看几个例子。在这些情况下，我们可能更倾向于寻求复仇，而不是为了更周全的目标而努力。下面我们将讨论如何在网络上、办公室和家里避免报复行为。

在网络上

想象你在社交媒体上评论了一位朋友关于政治的帖子。一个你从未谋面的人（你朋友的朋友）发表了一条令人愤怒的言论，甚至是带有攻击性和侮辱性的评论。我们大多数人可能不需要想象，因为这样的事情在我们身边真实地发生过。事实上，《愤怒计划》(The Anger Project) 的数据显示，有 23% 的人每月至少卷入一次网络争论[52]。在那一刻，你可能很想回击他们，狠狠教训他们一顿，让他们知道侮辱你的下场。但如果你停下来仔细思考在这种情况下的目标，可能就会有完全不同的行动方案。

比如，你可能会认为自己的目标不是报复。你可能决定不去侮辱他们或试图证明他们是错的。相反，你的目标可能是说服所有看到这个帖子的人站在你这一边，于是你写了一个针对更广泛受众的回复。这可能意味着采用完全不同的语气或方式。你一开始可能带着敌意，但转而采取更有可能引起其他读者共鸣的积极态度。或者你可能认为自己的目标是维护与朋友（原帖主）的关系。那么，你可能根本就不回复了，因为你可能担心这个陌生人和你朋友的关系很亲密，为了维护与朋友的关系，你不该在朋友的社交媒体帖子下侮辱或攻击别人。

在办公室

现在，设想你在工作中犯了一个错误，给一位同事增添了额外的工作量，他因此感到沮丧。那位同事因为你犯的错误浪费了他的时间而给你发了一封充满敌意的邮件。虽然情有可原，但你还是会产生防御心理，甚至有点儿生气。人们经常告诉我，在这样的情况下，他们的本能反应（可能源于自我防御）是以同样充满敌意的方式回击。他们不是承认错误或道歉，而是试图用"我知道我错了，但是……"或"如果你当时没有……这事就不会发生"来反咬对方一口。

当有人对你生气时，产生防御心理很正常，也可以理解。事实上，如果在这种情况下你不想为自己辩护才奇怪，那真的有悖人性。话虽如此，但这显然是需要明确目标才能取得成功的情形之一。具体情况也很重要，因为这意味着许多复杂的人际关系因素在起作用（比如，生气的人是你的上级吗？他们能否影响你的职业发展？）。归根结底，要想化解这一时刻的困境，你需要思考的是，你想从这件事中得到什么。你是想修复关系，解决你造成的问题，让对方明白他们不该用如此充满敌意的方式沟通，还是要解决以上所说的全部问题？再次强调，我们发现，花点儿时间思考自己的目标，是成功应对这些情况的必要条件。

在家里

报复心理变得格外复杂的另一种情况是处于父母和孩子之间。很少有父母会用"报复"来形容自己的教养方式，但听父母谈论使用惩罚的方式，常常能发现他们的动机与其说是为了教育或培养，不如说更多的是出于惩戒或报复。跟家长讨论使用体罚（比如打屁股）时，他们经常给出听起来很像是在报复的解释。家长们常对我说"他们就是活该挨打"，甚至说孩子"自己找揍"。坦白讲，不少人告诉我他们小时候被打屁股就是因为"活该"。

然而，这种想法通常无法帮助父母达成目标，即让孩子改正错误行为。举个例子，一个孩子对兄弟姐妹发脾气，用许多幼稚的方式表达愤怒，比如动手打人。面对这种行为，家长通常会通过责骂、惩罚甚至打屁股来回应（常常用维护正义或者报复的逻辑来处理）。❶ 实际上，家长应该停下来思

---

❶ 2017年《美国医学会儿科杂志》的一项研究发现，尽管美国被打屁股儿童的患病率有所下降，但仍有超过三分之一的父母还在打孩子屁股。有大量的数据证实打屁股不仅是无效的，实际上还导致了父母试图预防的许多结果的发生（如不诚实、具有攻击性和其他行为问题）。

考自己真正想要的结果是什么。此时此刻，你最想要的是什么？通常，这个问题的答案是（或者至少应该是）帮助孩子找到其他表达愤怒的方式，而要实现这个目标就需要采取与责骂或惩罚完全不同的方式。

父母应该以身作则，给予支持，传授孩子提高适应性的应对策略。首先，要示范健康的愤怒表达方式，用你希望他们生气时使用的语气跟他们说话（冷静、坚定）。然后，鼓励他们思考自己为什么生气、能做些什么。最后，设身处地去感受他们的情绪，同时提供其他应对方法，比如深呼吸、花点时间让自己静一静，重新找回自信。如果作为父母，你的目标是希望他们以更健康、更恰当的方式表达愤怒，那你的回应就应该是帮助他们实现这个目标。

明确目标的三个步骤

你可以把这个过程分为三步：

（1）找到暂停的方法。

（2）问问自己："我想从这种情况中得到什么？"

（3）问问自己："实现目标的最佳途径是什么？"

第一步：找到暂停的方法

确定目标最难的部分在于真正花时间去做这件事。这需要你阻止自己立即做出可能适得其反的反应，找时间仔细思考当前的情况以及你想从中得到什么。如果你对他人的愤怒反应过快，那你可能会走上一条难以回头的路。相反，要努力在那一刻找到暂停的方法。

下一章都将讨论这一点，并且会提供更多的内容。不过在此之前，这里有两条建议可以帮你找到暂停的方法。第一步，你要把它作为一种生活策略去刻意践行。保持冷静比采取行动需要付出更多的心理层面上的努力，所以要提前做好准备。第二步，养成缓慢数到三、深呼吸❶，甚至像运动后那样抖抖肩膀的习惯。

第二步：问问自己："我想从这种情况中得到什么？"

冷静下来后，开始思考这种情况下的理想结果。你希望相关各方（包括你自己）得到什么？此时先不要纠结什么是合理的、可能的，甚至对方在这种情况下"应该得到"什么，那些事情此刻只会让你分心。问问自己想要什么，并专注于此。

---

❶ 作为一个多年的僵尸电影爱好者，我在这种时刻常常会发出僵尸的吼叫声。这样做一举两得，既能让我得到片刻喘息，又能逗乐我自己和周围的人。真希望我可以说这是我精心设计的策略，但事实并非如此。有一天我只是无意中发现自己这样做了。

第三步：问问自己："实现目标的最佳途径是什么？"

最后，开始思考达成目标的最佳路径。当我朋友决定要维护丈夫和公公的关系时，下一步就是要确定怎样才能最好地做到这一点。如果你决定要维系与生你气的人的关系，就要开始考虑如何以有意义的方式修复这段关系。如果你认为目标是帮助孩子学会用打人以外的方式管理愤怒，就把精力从惩戒转移到教导和支持上来。

在情绪化的时候保持冷静

当然，除非你学会保持冷静，否则上述这些你都做不到。培养在情绪激动的时刻具备理性、目标导向的思考能力，是建立在你能迅速稳定情绪的基础之上的。正如你已经了解到的，这种能力根植于生物性本能和成长经历之中。它与你的世界观以及当时身处的环境有关。但与此同时，保持冷静是一种技能，可以通过练习和努力来提高。下一章我们将深入探讨如何保持冷静。

07 第七章
策略二：保持沉着冷静

一场满头大汗、浑身发抖、呼吸困难、面红耳赤的混乱

我每次做采访或者跟一组人谈论愤怒时，总会被问到两个问题。

第一：现在的人们是否比以往更加愤怒？❶

第二：生气的时候该如何保持冷静？

第二个问题尤其重要，并且解决办法可以拓展到任何情绪激动的时刻。当有人冲你发火时（或者哪怕不是冲你而是

---

❶ 这个问题真的无从回答。我们并没有一套统一的机制来长期跟踪、衡量这种事情。我能给出的最佳答案是，在某些方面我们比之前更容易生气了，但是无处不在的社交媒体和视频也让我们以新的方式看到愤怒的存在。之前我们没有机会见证到的愤怒，现在全部都公开展示了，因此愤怒显得更加明显了。

冲着你身边的某个人），你该如何保持冷静？

要在这些情况下保持冷静，第一步是了解我们身体在经历哪些生理反应。强烈情绪的产生有一部分要归结于交感神经系统（通常被称为"战斗"或"逃跑"系统）的启动。这是你的身体在危急情况下保护自己或对威胁做出反应的一种方式。你的大脑通过加快心率和呼吸速率，让身体做好"战斗"（如果有必要的话）或"逃跑"的准备。肾上腺素开始分泌，提供给身体更多的能量。这些能量可能使你体温升高，让你双颊发红或者双手颤抖。你可能会开始出汗来给自己降温。由于消化这件事在危急情况下相对没那么重要，因此消化速度会变慢，这也就意味着你会停止分泌唾液，感觉口干舌燥，并且说话也变得更困难。

换句话说，当你产生强烈的情绪时，你会变得满头大汗、浑身发抖、呼吸急促、面红耳赤、口干舌燥、心跳加速。这时尝试沟通，就好像你刚刚全速跑完了100米之后想要跟人说话一样。这种情况下保持思路清晰已经很难了，但更难的是要用合适的词语来表达自己的想法，以达成自己的目的。

通常情况下，这种"战斗"或"逃跑"的状态需要20分钟才能恢复过来。不是从最初情况开始加剧的时候算起，而是从紧张时刻过去那一刻开始算的20分钟。因为交感神经系统基本上是不受人类主观意志控制的，所以想要阻止它是徒劳的。但我们在这里会从两个方面看待这个问题。第一，如何能把这 20 分钟尽量减少到更容易控制的程度。第二，也是更重要的一点，那就是我们该如何在这种情绪激动的状态下不失态，并且持续保持有效的沟通。

"发泄室"是无效的

让我们先来看看有哪些事情不能做。一种常见的说法是，在这些情况下"释放"情绪的方法就是打东西、砸东西、尖叫甚至是运动。❶ 这种说法真的特别常见，实际上，世界各地正在兴起一种被称为"发泄室"的东西，供人们在里面通过破坏东西来发泄自己的愤怒。比如，离我住的地方最近的一家"发泄室"就为人们提供"在度过漫长的一小时、一天、一个月或一年后"的地方，让你能够"听着自己喜欢的音乐、用自己喜欢的方式破坏东西。"

关于愤怒的事实 | 通过打、砸东西或尖叫来"释放"愤怒，实际上并不会减少愤怒，只会让你更加生气而已。

---

❶ 当我问："你在这些时刻释放出来的是什么？"人们经常会回答："愤怒。"但这是什么意思呢？愤怒又不是一种气体，不是我们能够释放到空气中的一种东西。

一个公认的事实是，这种尝试消气的方法并没有用。它可能让你在当下感觉不错，但无益于缓解负面情绪。❶ 实际上，一个又一个研究已经证明了这种方法长期用下来只会加深我们的情绪问题。使用宣泄方法来处理负面情绪的人在宣泄之后会变得更具攻击性，也更有可能想要伤害他人。

运动也是一样，虽然这常常会让人感到吃惊。总体而言，运动有助于情绪健康，这一点是公认的。经常锻炼的人拥有更健康的情感生活。运动可以改善情绪，也有助于缓解焦虑。但这不意味着你应该在情绪激动时用运动来让自己冷静下来。在情绪激动（比如愤怒、害怕，甚至是极度悲伤）的当下，运动会通过一种叫作兴奋转移的机制来加剧这些负面情绪。

兴奋转移是指，情绪受到了与之无关的刺激而加剧了。也就是说，我们做某件事而受到的刺激（心率和呼吸速率上升）会转移到另一件事上。如果你在生气的时候去跑步，你的心率会随着跑步加快，但大脑却觉得心率上升是因为你在生气。这一点自多尔夫·齐尔曼（Dolf Zillmann）博士及其同事在 1972 年完成"体育锻炼对后续攻击行为的兴奋转移"研究[53] 后已得到证实。与 20 世纪 70 年代几乎所有关于愤怒和攻击行为的研究一样，他们首先要激怒参与者，然后，参与

---

❶ 酗酒和暴饮暴食也是如此，但不是说这些东西对你有什么益处。

者被分配去骑动感单车，或者完成一项很平常的任务。❶ 做完之后，他们可以回应那个激怒他们的人。如果运动有助于减轻愤怒程度，那么骑车的那组人的攻击性应该会减少。实则不然，他们的攻击性反而增强了。

不过，这些研究结果并不一定能改变心理咨询师针对愤怒给出的治疗方案。只要简单地上网搜索"生气时该如何冷静下来？"，就会出现好几页提倡打沙袋、去"发泄室"和运动的答案。同时，也经常有人告诉我说他们的咨询师鼓励他们生气时去健身，或者让孩子在生气时打枕头等。不管出于什么原因，宣泄法给人带来的伤害似乎没有得到应有的认知。

缩短那 20 分钟

如果很多常用的镇定方法（宣泄或锻炼）对人们没有益处，那什么方法才是真正有用的呢？人们在这些情绪激动的时刻该如何保持冷静？

把"保持镇静"作为核心价值观

最重要的是，你要在主观意识上把"保持镇静"作为人

---

❶ 这项平常的任务包括连续不断地用线"盲穿"镍币大小、带有偏心孔的圆盘。出于某种原因，这项无聊的简易任务没有让参与者像骑动感单车后那样生气。

生战略。事到临头时想要保持镇静很困难。在那种场合下，身边的一切都在刺激你的情绪，若想当机立断地决定不发脾气近乎不可能。因此，你需要在事发之前就先告知自己一定要保持冷静。

我想说的是，如果你觉得自己也想在这些场合保持镇静（或者更优秀的是你已经能够保持镇静了），那就不要事到临头再做决定。你之前已经做出决定了，在事情发生的当下你只需要简单地坚持做自己想要成为的那个人就够了。

这听起来可能非常简单了，所以不妨试着这么想。这件事的本质是习惯的养成，养成新习惯的难点在于避免事态紧张时重蹈覆辙。想象一下，你正尝试健康饮食（多素、少糖等），某日要出去吃晚饭，如果你到了饭店才开始决定吃什么，那么菜单上各种诱人的选择就很可能让你重拾旧习。但如果你提前在网上预览了菜单并预先决定点什么菜，那么在被诱惑包围之前选择的菜大概率会健康很多。同样，如果你在面对别人的愤怒之前就提前决定要保持镇静，那么当事情开始升温时，你就可以更加坚定。

找到（或者创造）一个停顿

就算你已经决定自己想要变成（或者已经是）一个随时保持镇定的人，但在情绪开始激动时想要把自己拉回来依旧很难。为了应对别人愤怒的情绪，你的情绪也开始"升温"，那个"保持镇静"的初衷就很容易被忘记了。针对这一点的策略是找到你大脑中的那个"暂停键"。一旦你意识到自己开始情绪激动，就努力提醒自己这不是自己想要变成的样子。暂停，哪怕这意味着你要忽略眼前跟你互动的人，然后在找到自己内心的平静后再继续。

我也知道这一点知易行难，但通过练习是可以做到的。在本章的后半部分，我会再介绍一些练习方法。但现在，你要明白的是，想要保持镇静，就必须在情绪升温前找到那个暂停和缓和的时机。

> **小贴士** 在任何场景下想要保持镇静，深呼吸是基础。

深呼吸

最近，在社交媒体上流传的一个短视频非常精彩，那是一个六岁儿童教自己四岁的弟弟通过深呼吸来保持镇静的场景。视频描述中说，当时弟弟正要发脾气，而哥哥过来助他渡过难关。这个视频非常可爱（很好地展示了我们在第三章中讲到的示范学习），并且完美示范了我们如何运用深呼吸来帮助自己恢复镇定。

我们的自主神经系统由两部分构成：副交感神经系统

（有时也被称为"休息和消化"系统）和交感神经系统（之前提到过的"战斗或逃跑"系统）。当你生气时，"战斗或逃跑"系统开启，而"休息和消化"系统关闭。换句话说，你不能同时既情绪高涨（害怕、生气、惊喜）又放松自如，这就是我们所说的不协调的情绪状态，这也意味着想要关闭"战斗或逃跑"系统，我们需要开启"休息和消化"系统，而达成这一状态的方法之一就是深呼吸。

深呼吸的做法很多，多到我在这里都没法提供一个详尽的清单。我会分享三种常用的方法：盒式呼吸、三角式呼吸和4-7-8式呼吸。盒式呼吸是指你在吸气的时候数四个节拍：吸气、屏气、呼气、屏气，然后重复。换句话说就是在吸气的时候数四个数，屏气的时候数四个数，呼气的时候数四个数，最后在肺部空气排空后再数四个数，这样循环持续一分钟左右。

三角式呼吸与盒式很像，但有些许不同。不同之处在于你不需要在呼气后屏气数四个数。在吸气的时候数四个数，屏气数四个数，然后呼气数四个数，这样循环。

4-7-8式呼吸法要求你在整个呼吸练习中用舌头顶住上颚。先用力呼一口气，将肺部空气尽可能全部排出（气流通过舌头和紧闭的嘴巴时会发出"嗖嗖"的声音）。然后，用鼻子轻轻地吸气，数四个数。接着，屏住呼吸并数到七。最后，呼气的同时数到八，再次让气流通过舌头的时候发出

"嗖嗖"的声音。这样循环重复一分钟左右的时间。

可能你已经意识到了，重点不是哪种深呼吸方式更好，而是哪一种更适合你。这三种练习（或者说几乎所有的呼吸练习）背后的原理都是通过长久、缓慢、深沉的呼吸把你的注意力拉回到自己的肺和呼吸上。这样做的时候，交感神经系统的敏感度就会降低，你就会因此感到镇静。

放松身体

当然，深呼吸并不是唯一放松身体的方法。将深呼吸融入任何一个需要让自己冷静下来的场合的确很关键，但除此之外你还有其他很多种选择。其中一个就是有意识地放松肌肉。

渐进式肌肉放松

这是一种常用的放松方法，尤其适用于治疗各种焦虑症。其原理与深呼吸相似，都是通过激活副交感神经系统来抗衡"战斗或逃跑"系统。这种方法包括绷紧身体特定部分的肌肉，保持几秒钟，然后放松。这样做下来，那片肌肉群就会体验到超强的放松感。我们可以在身体各个肌肉群组之间循序渐进地做，这能让人体验到全身通透的放松感。

但显而易见的是，在情绪激动的时候，比如当有人冲你发火时，你大概没有机会循序渐进地放松全身的每块肌肉。

不过，你可以抽出时间刻意绷紧身体几秒，目的是在松开时体验到那种放松感。

花点儿时间让自己"接地"

"接地"是让自己回归平静和放松的一种心理过程。从某种层面来说，你可以把它想成一个找平衡的过程，这是一种让你心里感觉舒适的状态。接地有很多不同的方法，其中包括上述的深呼吸或渐进式肌肉放松。其他常用的方式包括出去散散步、握一块冰、将手浸入水中，甚至随身携带一个可以在手指间把玩的小东西，比如一块小石头。虽然这其中的一些方法在情绪激动的时候是很难做到的。但在那一时刻，我发现5-4-3-2-1法特别有效。

这个方法包括抽出时间找到五个你能看到的东西、四个能摸到的东西、三种耳边的声音、两种味道和一个能尝到的东西。当你处于一个情绪激动的场合并开始感到焦虑、紧张甚至生气时，你可以抽一点时间观察周围，努力让自己"接地"，以及减少情绪感受。当做到最后准备品尝一个东西时，你应该会有更多的平静感和掌控感。

默念一段口号

在情绪激动的时候，念一段口号可以让自己有效地平静下来。当一个人对你发火时，你很容易会感觉情绪失控。你的思维可能开始分散，集中注意力也变得困难。一句口号或者励志的话（你在内心对自己说的话）可以帮你找回一些力量和掌控感，提醒自己有能力渡过难关。比方说，下列几个句子会在特定时刻提供宝贵的价值：

- 我足够强大，可以应付这些。
- 我现在能把持住自己。
- 我能处理好这件事情。
- 现在的情况只是暂时的。
- 我在这些时刻很有耐心/足够善良/足够坚强。

你可以把这些口号想作是鼓励、意义创造甚至是提早做好的计划。通过对自己说"控制权现在掌握在我手里"，你既鼓励了自己坚持下去，同时又提醒自己不失态是很重要的。它既鼓舞人心，又切实可行。

> **小贴士** 花些时间找到那个适合你在特定情况下使用的口号。你甚至可以为那些预计可能会见到生气的人的特定场合定制特殊的口号。

将这些技巧结合到一起

归根结底，没有一种技巧适用于所有的场合。不是说技巧本身不够完美，而是你不能在不同的情况中总依赖同一种方法。比如说，可能有些时候"接地"的方法不太有效，因为你已经情绪激动到找不到自己的平衡点了。那么在这个时候，深呼吸或者肌肉放松可能更有效。另外，最好的方法很可能需要将多种技巧相结合。

我认为，在情绪激动时能做的最厉害的事情，就是遵循一套简单快捷的标准方法。首先，以最快的速度找到整理思绪的停顿点。然后，深呼吸，放松肌肉，以便稳住自己。同时，试着思考你的目标和接下来的选择。当然，在事情发生的当下情绪变化往往很迅速，你很可能没法做完一整套动作，但上述的一切可以在几秒钟内完成，并且会让你的头脑更加清醒。

计划和排练

想要保持镇静，不仅在情绪激动的当下需要努力，事情发生的前后也有工作要做。我把这比作运动员在比赛前制定策略，或者在比赛后回看动作录像。有时，我们可以在这些事情发生前就开始计划，并在事情发生后诚实地对它们进行反思。

事先做好准备

我之前提到过，想要保持镇静，就要在别人对我们生气之前明确自己要成为什么样的人。这其实是在明确我们如何看待自己，以及在这些时刻实现自己的目标。针对一些特殊情况，你甚至可以更加深化这种意识。尽管很多需要面对生气的人的场合是意料之外的，也有一些情况是你能够预判并做出准备的——比如当你在工作时做了一些可能对别人产生负面影响的决定；当你跟孩子说了一件你知道可能会让他们生气的事；跟你相处的这个人本身就比较易怒。愤怒情绪在这些情况下不仅可能产生，还很容易产生。因为你已经知道这一点了，所以你可以提前准备。你可以怀着知道对方会生气的想法进入这些情景之中，并决定如何处理自己的情绪。

比如，想象你现在要告诉一位同事自己没能按时完成一个原本承诺过的项目。大部分的错在你。你的确想完成它，但由于还有其他的任务在身，最终这个项目没能按时完成。你很了解这位同事，也知道他是个很容易生气的人。可能因为他本身就比较刻薄，或者可能因为他对待工作非常认真，而你完不成任务会拖他的后腿。基于你对他的了解，你便能事先做好准备迎接他的烦躁情绪。你可以思考该如何跟他讲这件事。你可以找到方法解决由于自己没按时完成任务而产生的问题，你甚至可以提前排练在他们生气后保持镇静的方法。这样做会让你在事情实际发生时更有掌控感。

事后反思

学习在情绪激动时保持镇静的最好的办法就是事后花时间反思。更具体地说,是反思你在那一刻的所作所为,以及你本可以如何应对。我知道这听起来可能有点儿奇怪。事后思考情况如何帮助你保持冷静?这就是我把这件事比作运动员赛后观看比赛录像的原因。通过研究之前的表现,你可以为未来做出有效的改变。你可以思考下次遇到类似的情况时你要如何处理。你可以探究你本应该暂停的确切时刻,希望自己深呼吸的时刻,或者你本可以让自己镇定下来的方法。所有这些思考都将帮助你下次管理好自己的情绪。

我最近与一个人交谈,他说自己总在回想这些情况,但这对他帮助甚微。这个人说,他发现自己又一次变得情绪化,感觉自己正在重温那段经历,并又一次(或第三次、第四次)变得心烦意乱。

对此我有两点想法。第一,事后感到情绪化是可以理解的。事实上,这甚至可能是件好事,因为它让你有机会练习我一直在描述的冷静下来的策略。如果你发现自己在这些时刻变得激动,花点儿时间按照上面的步骤来做。找到你的暂停点,深呼吸,放松肌肉,试着让自己镇定下来。第二,许多人在这些时刻犯的一个错误是过于关注对方的所作所为。这种反复思考真的很常见。人们陷入"你能相信他们那样做吗"的想法，而不是花时间思考自己如何导致现有情况的发生以及如何回应对方。用比赛录像的比喻来说，这就像看比赛录像，但只看对方球队的。你应该花时间思考和分析整个情况，包括你自己在其中扮演的角色。

他们并非都大吼大叫、口出恶言

当然，要想掌控这些情绪激动的时刻，我们首先必须辨认出人们是何时开始对我们生气的。但情况并非总是如此。人们并不总知道有人在生自己的气，这是因为并非每个生气的人都表现得像典型的愤怒的人。他们并非都大吼大叫、口出恶言。在下一章中，我们将讨论愤怒的多种表现方式。

第八章
策略三：识别愤怒的多种形式

没有吼叫，没有发泄

我最近跟一个人聊他在夫妻关系中遇到的挑战，其中有一部分源于他妻子表达愤怒的方式。跟我前面分享的很多例子不同，这位妻子生气的时候不会大喊大叫，不会乱打人，更不会像很多人那样说伤人的话甚至是攻击性的话。这些都不会。她生气时会哭。

通常来讲，她这些愤怒的眼泪并不是冲着丈夫去的，也不是由丈夫引起的。她会因为某些不便之处而感到生气，然后开始哭。或者，她上班的时候与同事产生分歧时，也很难忍住不哭。但有些时候她确实是因为夫妻之间的争执而哭的。她的丈夫对我说，最开始的时候"我感觉糟透了，好像我做了什么伤害到她的错事一样"。

但时间一长，他开始感到怨恨。"好像我再也不能反对她了，因为只要我一反对，她就立马开始哭。"这促进了非常简单的模式的形成：他们会在某件鸡毛蒜皮的小事上意见不合，丈夫会试着沟通，而妻子开始哭，这会使丈夫对让妻子难过而感到内疚。久而久之，他就会在压力的驱使下把自己的意见藏在心里，好不让妻子又哭。

然而，这段关系里最难的一点是，妻子知道自己有这种遇事就哭的倾向，也并不喜欢自己这一点，但她无法控制自己。在丈夫感到怨恨的同时，妻子也感到尴尬和内疚。这位丈夫的很大的问题是，他没有认识到妻子的眼泪反映出的是她的愤怒和沮丧。他总觉得哭是因为难过，所以每次她哭的时候，他总会想："我又让她难过了。"

哭其实是一种非常常见的表达愤怒的方式，尽管我们对它的讨论并不多。这背后有很多种解释，包括愤怒与悲伤的联系，愤怒和悲伤的核心都是无力感。但更重要的是，它说明了愤怒很重要的一个特质，那就是它的表达方式有很多种，并且有一些不容易被识别出来。

关于愤怒的事实 | 90%以上的调查对象表示，在过去的一个月里，他们因愤怒而经历了另一种负面情绪，比如悲伤或恐惧。[54]

外放、内收和控制

在最开始研究愤怒时,我曾使用了一个名为"愤怒表达量表"(*Anger Expression Inventory*)[55]的测试来测量四种类型的愤怒表达:外放式愤怒表达、内收式愤怒表达、愤怒的外放控制以及愤怒的内收控制。外放式愤怒表达指那些人们愤怒时经常会联想到的行为,比如大喊大叫、骂脏话、摔门、摔东西等。内收式愤怒表达,我们也常常称为愤怒抑制,包括忍气吞声、赌气和生闷气。愤怒控制尽管也分内外,但我习惯把它们放在一起讲,因为二者没有太大区别。严格来说,愤怒的外放控制包括控制自己想要发泄的行为,愤怒的内收控制包括诸如深呼吸和其他让自己放松的行为。

当时,我喜欢这种简单的分类方法,但我很快就发现它似乎有点儿过于简单了。人们表达愤怒的方式多种多样,而这四种类别不足以涵盖所有的样式。有些人生气时会演奏乐器或者听音乐,有些人会写诗,有些人会找朋友倾诉或征求意见,有些人会上网让全世界的人都知道自己有多生气。

除此之外,人们在面对令人生气的事情时会有各种各样的想法,而想法的不同会导致行为上的差别。一个生气时会灾难化事情的人("这将毁掉我的一天")与一个生气时会努力回想生活中积极事物的人("情况本可以更糟")表达和管理愤怒的方式必然不同。不同的思维模式导致了不同的行为模式，这就意味着我们见到的生气的人在事情发生当下会带给我们截然不同的感受。

愤怒的常见表现

让我们先来看几种生气时常见的行为方式。

肢体或语言攻击

肢体或语言攻击是最常见的表现形式。有些人通过肢体动作伤害他人（击打、推搡、枪击），破坏东西或者辱骂以及残暴的言论来表达他们的愤怒。他们可能在开车的时候对别人竖中指，或者对拖他们后腿的人破口大骂。这也包括一个人因为自己喜欢的球队输了比赛而用遥控器砸电视机或者摔门打墙。这些例子中的人可能并不是有意识地想要破坏东西，只是通过一种方式来表达愤怒。

不过，就算是这些充满攻击性的表达方式，有时也可能跟人们想象的不同。愤怒驱使的攻击性不总是直接的，有时人们可能通过散布谣言来表达对某人的愤怒或者故意不去做他们承诺要做的事（也就是我们常说的"被动攻击"）。这些间接的表达方式看上去与肢体或言语攻击截然不同。

生闷气或回避

肢体、言语攻击的对立面是生闷气或回避。你可能会在那些极力回避冲突的人身上见到这种情况。他们会生气，但又做不到自在地表达愤怒，哪怕是积极或社交礼仪性的表达也不行。于是他们开始回避人群，尤其是那些惹他们生气的人。他们可能会独自离开，一个人坐在房间里闷闷不乐，或者出门兜风。

> **小贴士** 有些生气时选择回避的人其实只是需要一些独处的时间。你可以告诉他们在他们需要的时候你能随时陪伴他们，同时别太过强势，试着掌握好这个度。

不过，相较而言，有时生闷气或回避可能更有心机和操纵性。这不是起冲突而让人感到不适的结果，而是一些人用来操纵身边人的小伎俩。他们生闷气是企图控制他人的一种方式，本质上是在暗示"你需要努力弥补你造成的伤害"。对他们来说，这是另一种不打人也不骂人的复仇方式。

压抑情绪

跟生闷气和回避稍有不同，有些人会干脆否认自己的愤怒情绪，甚至对自己也这样。他们可能会在非常生气和烦躁的时候告诉你他们"没事"。在我之前提到的《愤怒表达量表》中，这种表达方式被称为"内收式愤怒表达"，在量表中的问题类似"我内心已经沸腾了，但我不表现出来"，或者"我倾向于怀恨在心，但不告诉任何人"。

这种压抑愤怒的行为可能是身边人看不到的。它与之前提到过的生闷气或者回避不一样，因为那种行为还是认可了愤怒，只是不愿意谈论它。这种行为本质上是在表达："我生气了，但我不想讨论，只想一个人待着。"但出现压抑行为的人压根儿就不分享自己的愤怒情绪。哪怕你去问他们，他们也不会承认。所以尽管你可能已经知道或者相信他们肯定生气了，但他们还是不会承认。

讽刺

克利福德·拉扎勒斯（Clifford Lazarus）博士是一位著名的、受人尊敬的临床和健康心理学家，他曾经说过："讽刺实际上是伪装成幽默的敌意。"[56] 尽管我觉得事情不总是这样，但这句话还是有它的道理的。当人们用讽刺来应对生活中的大小烦心事时，愤怒的确可能会驱动它的发生。电脑死机了，他们会说："哇！这真是太棒了。"在他们显然在为某件事苦恼时有人来询问他们是否需要帮助时，他们会说："不用，我可太享受此刻了。"

讽刺的背后不一定都充满敌意。实际上，它可能只是一种被用来淡化痛苦的方式。跟很多幽默一样，讽刺可能只是一种缓解情绪的方式，能使社交场合变得更轻松。当坏事发生时，不直接承认烦躁或者失望情绪，人们可能会说："挺好的"或者"这不简直完美吗"。然而，话中带刺也可以是一种半攻击性的沟通方式。人们会用讽刺来表达对某人的失望。比如，如果他们在工作时提醒某人注意一个潜在的问题，对方开始没有在意，但这个问题实际发生了，那他们可能会说："真没想到哇。"在这里，讽刺就是一种被动攻击地表达"我早就告诉过你了"的方式。

直言不讳

当然，也有一些直接向惹你生气的人表达愤怒而又不包含任何攻击性或敌意的方法。许多人用果断的发言来表达他们的愤怒。他们以直接、自信、诚恳且不伤人的态度向惹他们生气的人表达自己的愤怒。这样的表达方式不存在侮辱或故意伤人的意思。他们不会人身攻击，也并非刻意报复，更不会过分概括使问题复杂化。相反，他们希望以尽可能减少冲突的方式解决问题。

> **小贴士** 不要把直言不讳与攻击性这两个概念混淆了。一个生你气的人可能会用不伤人的方式告诉你他的情绪，这跟一个企图在言语上或肢体上伤害你的人（具有攻击性）完全不同。

第八章 策略三：识别愤怒的多种形式

愤怒驱动的直言不讳相对来说比较罕见。这多半是因为人们生气的时候很难保持果断。人在气头上通常会冲他人发泄情绪，所以能够后退一步，以这种直接但无意伤人的方式表达愤怒是一种有效的技能。有些人的确可以做到这一点，而他们的愤怒通常不易被身边的人捕捉到。因为他们能做到保持冷静、不大喊大叫，所以人们便不会觉得他们生气了。牢记愤怒可以有多种多样的表现形式，要知道一个表面上看起来冷静的人，内心却不见得也是平静的。

分散注意力

有时人们会把愤怒情绪转移到其他的活动中，比如听音乐或者写作等相对健康的方式。他们可能会化愤怒为力量，然后投入到工作或者爱好当中。像这种分散情绪的方法可能会产生几种不同的效果。它可以被视作一种通过让自己忙起来从而分散注意力的策略。人们会利用他们所做的活动让自己想点儿别的事情，而不是专注于惹他们生气的事。他们可能会打游戏、出去散步或者打扫房间。❶

另外，人们还可以通过写日记的方式排解愤怒情绪。他

---

❶ 有一次，我问我的学生们，他们生气时都会做些什么。话音刚落，一个学生就举手说："编织！"我明白这应该是一种很好的分散愤怒的方式，因为这是一种专注的、冷静的行为，但编织其实也暗含戳、刺的意思。

们可能在日记里记录那件让人生气的事，以此来处理自己的愤怒情绪。他们可能会写诗，或者用其他的艺术创作来表达他们当时的感受。这种表达方式与其说是为了转移注意力，不如说是为了更好地理解和应对自己的愤怒情绪。当然，通过写作去理解自己和通过写作发泄还是有所不同的，后者并不是在处理情绪，只是为了发泄。前者有治疗价值，而后者却不利于健康。

深呼吸

当我的小儿子开始生气时，他做的第一件事就是把双臂垂在身体两侧，肩膀下沉，目视前方，然后深吸一口气。在这一时刻，他似乎把周围的一切都抛诸脑后，用尽全力来保持冷静。正如前面几章所描述的，这也是一些人生气的表现形式。他们受到挑衅，开始感到生气，然后马上开始尝试通过深呼吸或其他放松方法冷静下来。

他们之所以会这样做，有两种不同的解释。第一种，就像我前面描述的那样，这可能是他们在努力保持冷静，好让一段互动正常进行下去。他们的确生气了，但同时也在努力以一种健康且没有攻击性或敌意的方式与他人互动。第二种，有一些人之所以这么努力地保持冷静，不是因为他们认为这样做会带来更好的结果，而是因为他们对自己的愤怒感到不适甚至害怕。愤怒让他们感到恐慌，所以他们要努力缓解这种不适感。

锻炼或宣泄

正如上一章所讨论的，最常见的关于愤怒的误解就是认为"安全的攻击行为"是释放愤怒的好方法。尽管过去50多年的研究成果都在反驳这一观点，但人们还是经常跟我说这是他们处理愤怒时最先想到的方法。当他们生气时，他们会特意去一个"安全的地方"暴打枕头或者沙袋，以这种方式处理愤怒情绪。

这种做法的变种就是通过剧烈运动来发泄愤怒。尽管情况相对复杂一些，但如同宣泄一样，在生气时运动容易导致负面结果。在身体需要休息的时候，运动反而让心跳加快、呼吸急促。心脏已经因为生气而加速跳动了，在这个时候运动只会让生理反应持续进行。实际上，运动甚至可以通过我们之前提到过的"兴奋转移"机制触发愤怒情绪，因为运动会对心血管功能造成影响，从而提高被激怒的可能性。

哭泣

哭泣是一个非常普遍，但有些被误解的反应。这里说的误解是因为很多人觉得，人之所以在生气的时候哭是因为他们的愤怒是建立在悲伤情绪之上的。实际上，那个人其实并不生气，他们只是难过，而眼泪也反映出了他们的悲伤情绪。有时或许是这样，但更多的时候，哭泣可能只是一种自然、正常甚至健康的愤怒反应。

事实上，人们哭泣的原因很多时候与悲伤没有直接联系。身体疼痛时会哭、害怕时会哭、开心时会哭，甚至有时只是因为与别人共情而哭泣。归根结底，眼泪是一种沟通的工具。它告诉身边的人你正处于痛苦之中，或正感受到某种强烈的情绪。你可以把哭泣看作一种原始的求助行为，它一定给我们的祖先带去了某些优势才得以持续存在。通过这种方式表达痛苦的人会比别人更容易得到帮助，因此存活的概率也更大。

在当今社会，眼泪也起到同样的作用。马丁·巴尔斯特斯（Martin Balsters）及其同事在 2013 年做的一项研究就证明了这一点[57]。他们给参与者展示了一些面部表情的图片，这些图片要么是悲伤的表情，要么是中性的表情，但研究人员在一半的图片中加入了眼泪。这些图片飞快地闪过参与者眼前——每一张只停留 50 毫秒。研究人员随后请参与者回答下列问题：①这些人表达了什么情绪；②他们需要多大程度的支持。参与者们对那些明显有眼泪的图片识别速度更快，也认为他们需要更多的帮助。哭泣是真正的求助信号，而人们也容易捕捉到这种需求。

三种有助于与生气的人打交道的方法

说了这么多,在与生气的人打交道时有以下四种可以借鉴的方式。

没有人会一直使用同一种表达方式

没有人会在每次生气时都做一模一样的事。在不同的时间和场合下,人们生气时会有不同的反应。情境在很大程度上影响愤怒的表达,人们在一种情况下做的事情可能跟在另一种情况下完全不同(比如,我在孩子面前生气和在朋友或者老板面前生气肯定是不一样的)。这当然是在意料之中的。为了负责任地教育孩子,如果他表现不好惹我生气了,我应该以一种特定的方式去表达我的愤怒(比如,怀着鼓励他下次表现更好的心态)。但与老板的关系则非常不同,故而我在老板面前生气时也会有不同的目标。这些不同的目标决定了我不同的表达方式。

人们确实有常用的表达习惯

尽管人们在生气时会做各种各样的事(以及他们的行为会根据场合变化),但一个人通常会倾向于较为一致的表达方式。尤其是那些更自动化、难以控制的表达方式(比如哭泣、大喊大叫),往往让人猝不及防,在突如其来的情况下即使想要控制，也极具挑战性。当你的生活中有一位易怒者，而你需要经常和他打交道，那你最好摸清楚他生气时最常见的行为。在这些情绪化的时刻，有时挑战来自没有意识到对方的真实想法和感受。

注意愤怒的来源

在与生气的人打交道时，你要知道这些不同的表达方式是怎么产生的，以及为什么他会如此表达愤怒。这些表达方式，无论是有意的还是无意的，都可能反映出他内心更深层次的东西。哭泣的倾向可能表明一个人的无助感或无力感；喊叫的倾向可能代表一个人企图通过恐吓别人来操控他们；深呼吸的倾向可能意味着这个人真的很想冷静下来，以便更有效地处理愤怒情绪。这些不同的表达方式说明了潜在的问题和需求，而与易怒者打交道最好的方式是尝试理解他行为背后的原因。

站在他人的角度分析愤怒事件

当然，识别出他人的愤怒仅仅是真正理解愤怒者的一部分。想要真切体会到其感受，我们需要花些时间站在他的角度去理解令他生气的事。我们要明白是什么在激怒他，他对这件事是如何解读的以及他在被激怒时的心情。我们需要从他的角度来描绘愤怒事件。下一章将详细说明这一点。

第九章
策略四：站在他人的角度分析愤怒事件

识别他人生气的原因

1991年，4位研究人员开始探索儿童对情绪情境的理解程度。[58] 他们想确定儿童在看到情绪表现时是否能识别出来，以及他们是否能理解导致这些情绪产生的情境。

此项研究观察的是日托机构的学龄前儿童。孩子们按年龄被分成3组。最小的一组年龄在39个月到48个月，中间组在50个月到62个月，最大组在62个月到74个月。观察者等待并观察，直到其中一个孩子出现"明显的高兴、悲伤、愤怒或苦恼表情"。当出现这些表情时，观察者记录孩子当时的情绪和产生的原因，评估情绪强度，然后接近一个在附近但没有卷入情绪事件的孩子。那个孩子被问了两个问题：

- 你对［目标孩子的名字］感觉如何？❶
- 为什么［目标孩子的名字］会让人感到［提供了某种情感标签］?

研究人员逐字记录这些答案，以便以后编码，然后回去继续观察。❷ 这里的目标是评估儿童解读其他儿童情绪以及理解这些情绪缘由的能力。因此，研究人员基本上是在比较孩子们的答案和观察者的答案。

结果显示，正确识别情绪的能力与年龄和目标情绪有关。孩子更有可能正确识别出高兴这种情绪，而且随着年龄增长变得更加准确。事实上，年龄最大的组能够以 83% 的准确率识别目标情绪。同样，他们也能够在至少 74% 的时间里，对情绪产生的原因给出大致准确的解释。即使是年龄最小组，也能以大约三分之二的准确率识别出目标情绪以及该情绪产生的原因。

关于愤怒的事实 | 绝大多数儿童能够在真实情境中正确识别他人表现出的情绪。这与本章讨论的研究结果一致，即儿童在很小的时候就开始理解情绪情境，能以较高的准确率识别他人的情绪。

---

❶ 这项研究还发现，男孩表现出明显比女孩更多的愤怒和更少的悲伤，而且年龄差异不大，所以我们在第三章讨论的情绪表达的性别差异学习似乎发生在 3 岁之前。

❷ 我再次对研究人员的一丝不苟印象深刻（也再次对普通大众根据他们的轶事证据迅速忽视上述研究感到恼火，甚至沮丧）。

我之所以喜欢这项研究，是因为它揭示了孩子们很早就开始理解情绪情境，能够从他人的角度思考情绪。这一点非常有趣。当我们还是婴儿的时候，我们甚至无法想象其他人也有思想和感受。我们半夜哭闹，完全没有意识到我们的求助可能会给照料者带来苦恼，使其疲惫不堪。

我们完全没有意识到其他人可能在考虑我们，甚至在评判我们。这种理解来得更晚。伴随而来的是一系列新的情绪，如羞耻、尴尬和自豪。然而，根据这项研究，在短短几年内，儿童从完全没有意识到他人的感受，发展到几乎能像大多数成年人一样理解情绪。❶

这是有充分理由支撑的。能够理解情绪情境对我们祖先的生存至关重要。理解另一个人或动物正在生气，有助于他们在潜在的敌对情境中避免冲突，保证自己的安全。理解一个人为什么悲伤，有助于以有利于群体的方式避免损失。坦白说，识别他人的恐惧情绪具有适应性，因为其他人害怕的东西很可能也是你应该害怕的。

在更现代的背景下，理解情绪本身和产生原因对于在几乎所有人际交往活动中取得成功都非常重要。能够有效地理

---

❶ 坦白说，这项研究让我思考的一个问题是，是否可以有另一种解释：人在六岁以后在这项技能上不会有太大进步。如果有研究发现，大多数六岁儿童的阅读能力和大多数成年人一样好，那我们会为成年读者担心，不是吗？

解和运用情绪的领导者，更能激励团队。理解孩子的感受以及感受产生缘由的父母，可以更好地满足孩子的情感需求。坦率地说，当我听到人们抱怨同事时，大多数抱怨并不是对方没有正确履行工作职责，而是那个人存在情感缺陷。当人们把同事描述为古怪、麻木不仁、不尊重他人时，他们是在说同事情商低。

由此可见，站在对方的角度理解一个人为什么生气，是与愤怒的人相处的一项关键技能。仅仅知道他们在生气，或者对他们生气的原因只有肤浅的了解是不够的。应对愤怒的人需要设身处地地理解对方的愤怒，因此我鼓励大家从他们的视角分析激怒他们的事件。

分析愤怒事件

在我上一本书《为什么我们会生气》中，我花了大量篇幅描述如何分析愤怒事件。根据杰里·德芬巴赫（Jerry Deffenbacher）博士[59]讲述的模型，分析愤怒事件包括确定导致愤怒的三个产生交互作用的因素：触发事件、预生气状态和个体对情况的评价过程（后简称"评价过程"）。触发事件是挑衅，它通常被认为是引发愤怒的前提。我生气是因为他人没有按我的要求扔垃圾。我生气是因为他人把我的功劳据为己有。这个触发事件可以被看作火花，从这个意义

第九章 策略四：站在他人的角度分析愤怒事件

上说，它确实会引起愤怒。想象一下，把火柴扔到一块沾满汽油的破布上。没错，是火柴点燃了火，但破布让情况变得更糟。

通常，当我们生气时，不仅仅是因为那个火花。我们当时正在做什么以及感觉如何也很重要。德芬巴赫将这称为"预生气状态"，它包括我们经历挑衅时的生理和情绪状态。当我们经历令人厌恶的事情时，我们感到疲惫、饥饿、紧张、悲伤、焦虑，对已经发生的其他事情感到生气，感觉太热或太冷或任何其他可能增加我们愤怒的众多状态。

例如，想象一下，你到达办公室，打开同事发来的电子邮件，说他们没有完成你指望他们当天完成的一个项目。仅此一点可能就足以让你感到沮丧。❶ 你指望某事在特定时间以特定方式完成，而当它没有完成时，你就生气了。你想达成的目标受阻了，愤怒是对这种挑衅行为正常甚至是健康的反应。但现在，想象同样的情况，不过这次发生在你经历了糟糕的一夜或者整个早上都堵在路上（或者两者兼而有之）之后。在度过了艰难的早晨或失眠之夜后，这种挑衅是不是感觉要糟糕得多？

---

❶ 显然，在这种情况下会影响你生气程度的背景因素有很多：你与这位同事的关系，他们按时完成任务的历史表现，项目的重要性，你是否理解并相信他们的解释，以及他们没有完成项目所造成的后果。这些都很重要，但在一定程度上也取决于解释和评估，这一点稍后再说。

> **小贴士** 理解愤怒事件不等于容忍辱骂行为。从他人视角分析愤怒事件，重要的是将情绪与行为区分开来。

我们生气时的情绪之所以重要，其中一个原因是它会影响我们生气的第三个方面：评价过程。评价是指我们如何解释触发事件。在我们生活的背景下，我们认为它意味着什么？我们认为谁应该负责？这原本是可以避免的吗？情况有多糟糕？发生在我们身上的事情并非天生就是坏事或好事。我们根据它们对我们的意义来判断它们是好是坏。阳光明媚的日子，对即将看孩子踢足球的人来说可能感觉很棒，但对有一段时间没下雨、担忧庄稼收成的农民来说，同样的日子可能会令其沮丧。

当人们感到情况不公平、残酷或干扰了他们的计划时，他们更有可能变得愤怒。这就是我在第三、四、五章讨论的。经常使用非黑即白的二分法思维方式、对他人抱有过高期望或具有灾难性思维的人更有可能生气。

这种理解所能提供的帮助

那么，知道这一点如何帮助你应对易怒的人呢？一个重要的方法是能够从他们的角度分析愤怒事件。试着通过评估

第九章 策略四：站在他人的角度分析愤怒事件

他们愤怒经历的三个因素来理解他们的愤怒。触发事件是什么？在遇到触发事件时，他们的情绪如何？他们如何解释这个触发事件对他们的挑衅？

我上大学时，有一个暑假在农场打工，其中一个老板经常对我发火。❶ 我的一项职责是开拖拉机带游客参观农场和周边地区。这意味着我经常远离谷仓，而且由于那是手机出现之前的年代，我经常有很长一段时间无法与别人取得联系。通常这没什么关系。游览需要一个小时左右，我会及时赶回来准备下一次接待。

但有一天，我要带领的那一组游客迟到了很久。另一位老板告诉我继续带他们去，他会找人来接替下一轮，因为等我回来就来不及了。我出发了，游览花了大约一个小时。快结束时，我们停下来，我正在向他们介绍一些景点，我的老板骑着四轮摩托车过来，看上去怒气冲冲。

他走到我跟前，脸上挂着假笑，语气虚伪地说："嘿，瑞恩，现在几点了？"

我没有手表，但我知道时间，因为我清楚游览需要多长时间，所以我回答了他。他似乎对我的答案感到惊讶，于是

---

❶ 补充说明下，我承认自己并不擅长这份工作。在短暂的任职期间，我弄坏了好几台拖拉机，还有一次很不幸地在厨房泼了其中一位老板一身未过滤的苹果汁，足有 6 加仑（1 加仑 =3.7854 升）那么多。

他追问，这次语气中透露着更多的愤怒情绪："不对。看看你那该死的手表，告诉我现在几点了？"

"你知道我没有手表，但我知道现在几点。"

"没错。你没有手表，"他打断我，"所以你不知道你下一轮游览迟到了。你真的需要一只手表！"

"我知道现在几点，"我回答。"他们来晚了，有人告诉我继续带他们去，会有其他人接替下一轮。"

他目瞪口呆，显然他对此毫不知情，不知如何回应。顺便说一句，这一切都发生在游客面前，给整个情况增添了一层怪异氛围和不适感。经过一阵漫长而尴尬的沉默，他说："好吧，很明显我不知道。谢谢你告诉我。我要回去确保下一轮游览有人接手。"

然后他骑着四轮摩托车走了，留下我面对所有目睹这场离奇对话的人。让我们花点儿时间来分析一下这种情况。我要先声明，我认为他的行为非常恶劣。他没弄清情况就做出反应，对我很无理，而且是以令他、我和游客都感到难堪的方式。即使我在这种情况下真的有错，给了他对我发火的正当理由，但也有很多更好、更有建设性的处理方式。

从老板的视角进行分析

我们将该事件分解为以下三个阶段。

触发事件

触发事件很简单（通常如此）。我不在他认为我应该在的地方，以及没有人可以带领下一组游客游览。这完全属于目标受阻类的挑衅。

他希望客人有愉快的体验，游览因没人带领而延误，这阻碍了他目标的达成。

预生气状态

他当时的状态有点儿难以判断，但我猜测他可能很紧张，有点儿焦虑。这既是一个运作中的农场，在周末（尤其是那个季节）也是以家庭为单位的游客参观的热门地点。这里非常繁忙，每个人在特定时间都有多项工作要做。长期处于高压状态可能使他神经紧绷。在繁忙季节的周末，他和农场里的其他人还要工作很长时间，一大早就开始为农场开放做准备，一直持续到深夜，我想他也相当疲惫。

评价过程

最有意思的还是评价过程。想象他如何看待这种情况以及涉及其中的人，这很有价值。我们先撇开他对我个人的看法，单独思考一下事件本身。在他看来，当时有一个我应该带领的游览团，而我没有出现。这立即引发了他对我抱有期望的相关的想法：

- "瑞恩应该在这里。"
- "这是他的工作。"
- "他现在到底在做什么？"

他可能还会过度关注没有导游将导致的后果，甚至可能夸大其词：

- "我们将不得不退还这个游览团的钱。"
- "这真的很令人尴尬。"
- "我已经这么忙了，但现在我还得去盯这个游览项目。"

这种评价过程本身就可能导致愤怒。任何以这种方式经历和评价情况的人都可能生气。但是，如果考虑到他对我的看法，情况会变得更糟，因为我不太擅长这份工作。在大多数时候，我都是一个尽职尽责的员工——我准时上班、完成分内工作、与客户相处融洽，但我缺乏完成这项工作所需的技能和背景知识。在那里工作之前，我几乎没有任何拖拉机驾驶方面的经验，而我的大部分时间都在和它打交道。农场里的大多数拖拉机也都很陈旧，状况不佳，所以它们会以各种方式出故障，而我在那些时刻从来不知道该怎么办（也不像其他人那样能预见到问题会出现）。

这对我的老板意味着，我经常卷入问题之中（在他看来，可能是我制造了那些问题）。因此，当我不在那里带领

第九章 策略四：站在他人的角度分析愤怒事件

游客游览时，他下意识地认为我应该为此负责。正如我们之前讨论的，这种对因果关系的错误归因往往会加剧愤怒。更进一步，他接着假设我没有出现带领游客游览的原因——我没有手表，不知道几点了。❶结果，他在这两点上都错了。我不该受责备，我知道几点，但从他的角度来看，正是这些因素导致了这种情况的发生（他认为这种情况相当糟糕）。

此外，他可能给我贴上了一些易怒的标签，比如认为我不负责任、愚蠢或者更糟。我们在愤怒时刻给人贴上的这些标签很重要，因为一旦我们给人贴上标签，我们就开始以那种方式看待他们。它们成了我们看待一个人的视角，加剧了认知偏差。我的老板因为把我看作一个愚蠢而不负责任的员工，而忽略了我擅长这份工作的部分和我尽责的一面。

总结一下，我们有一个筋疲力尽、压力重重的人（预生气状态）遇到一种情况，他的目标受到阻碍（触发事件），而且是以一种在他看来既尴尬又具有灾难性的方式（评价过程）。这种情况是由一个不负责任的员工造成的（评价过程）。他为此勃然大怒（愤怒情绪），并通过找到我大声斥责来表达（愤怒表达）。

---

❶ 出于我无法解释清楚的原因，我没有手表这件事真的困扰着他。我怀疑这是他对负责任的人应该如何表现所设置的一条不成文的标准（"负责任的人应该有手表"）。这有点儿滑稽，因为我总能准确知道时间，而且我也不经常迟到（周围到处都有钟表），但他还是非要我有一块手表。

利用这些信息缓和局势

作为愤怒发泄的受害者,这种分析对我有什么帮助呢?有以下两点可以谈谈。

如何介入

第一,它有助于我明确当时从哪里介入。在这种情况下,愤怒源于几个特定的方面:

- 压力和疲惫。
- 对事情经过的错误认知。
- 认为我不负责任。

作为老板的员工,我并没有立场去处理他的压力和疲惫问题。而且,在这种情况下,那是一项艰巨的任务,没人喜欢被告知要放松或休息一下(尤其是被下属这样说)。然而,我可以努力改变他的错误认知。在这种情况下,化解矛盾的最终办法只能是澄清错误信息。

了解模式

第二,随着时间的推移,像这样分析愤怒事件可以帮助你找到与一个易怒的人定期互动的模式。在这种情况下,老板对我的愤怒往往源于他认为我不负责任和无能。我可以采取措施来改变这些看法,要么通过直接对话("我感觉你认为我不负责任。我们能谈谈我能做些什么来改变这一点吗？"），要么通过更间接的方式（我可以找方法向他展示我的责任心和能力）。类似地，当你对一个人足够了解，知道他们的触发点（包括挑衅和情绪状态）时，你就能更有效地化解这些问题。你可以避免让他们生气的情况。你可以在愤怒发生之前，识别出可能导致他们愤怒的因素，并采取一些措施预防愤怒的发生。

> **小贴士** 关注人们生气的方式和原因。识别这些模式有助于更好地应对未来潜在的愤怒事件。

当愤怒是合理的

当然，还有一个原因说明为什么我们可能要从对方的角度考虑愤怒。在上面的例子中，我没有过错。我没做错什么（至少那次没有），老板对我发火是基于一场误会，但情况并非总是如此。有时我们确实要为某件事负责，对方对我们表达愤怒是有道理的。当愤怒是有道理的时候，我们应该如何应对呢？下一章我们会重点探讨这个问题。

第十章

策略五：判断愤怒的是非曲直

本该简单的事为何如此棘手

请想象一下这样的场景：有人对你发火，而你清楚自己的确做错了事，从而引起了对方的愤怒。也许你是无心之失，也许只是个小错，也许对方的愤怒远超你应承受的程度，但非常明显，对方的愤怒情有可原。你犯了错，对方为此而恼火。现在，你需要设法化解矛盾。

认识到自己有错并努力改正本该是件简单的事。我的意思是，这里涉及的实际步骤非常少。审视当下的情况，必要时可借助上一章提到的解法。找出自己扮演的角色，判断错在何处，承认错误，并设法找出解决方案。就其本身而言，撇开所有情绪因素，这些步骤都很简单。那么，为什么本该简单的事却如此棘手呢？其中一个原因是自我防御。

第十章 策略五：判断愤怒的是非曲直

如何判断对方的愤怒是否正当

在讨论自我防御之前，我们先谈谈如何判断对方的愤怒是否正当。因为即使不考虑自我防御，判断对方愤怒的正当性有时也很棘手。没有放之四海而皆准的检验方法，这种判断总要因时因地而定。你做了什么，是什么诱发了你的行为，对方可能会如何理解等。不过，我在此提供一些建议以供参考。

不要让对方的愤怒情绪影响你的判断

有时，我们会不知不觉地受到他人的情绪支配，使自己的内疚感加深。我们会想，既然对方已经对我们发火了，那我们一定是做错了什么。要尽量避免这种想法和感受。他人愤怒未必就表明我们有错。虽然它可能意味着我们犯了错，但很多时候别人只是单纯地错了，他们对我们的感受是不正确的。他们可能误解了情况，也可能反应过度。坦率地说，他们可能是在将愤怒当作一种武器，对你进行"煤气灯操纵"[1]。你需要将他们对你所做出的反应与你的实际表现区分开来。

---

[1] "煤气灯操纵"，又称"煤气灯效应"，是指对受害者施加情感虐待和操纵，让受害者逐渐丧失自尊，产生自我怀疑，无法逃脱。——编者注

评估你的行为及其影响，而非你的动机

你有时会听到人们说："我知道这听起来很刻薄，但我只是想……"然后就用某种借口为自己的行为辩解。显然，为了我们自己的情绪健康、更好地成长和发展，行为动机很重要。剖析影响我们行为的各种因素对我们大有裨益。但从对我们发火的人的角度来看，我们想要做什么或为什么那样做并不重要。最重要的是我们做了什么，以及这产生了什么影响。

我们真正需要扪心自问的是："我有没有粗鲁或不公正地对待对方？"或"我是否不合理地阻碍了对方实现目标？"不管出于何种动机，如果我们的行为伤害了对方，让对方感觉很糟，失去了一个机会，或是拖慢了对方的进度，那对方的愤怒就是正当的。

自我防御

自我防御是一种情绪反应，当人们受到（或认为自己受到）批评或攻击时就会产生。当你认为有人指责你做错了什么时，就会采取自我防御。与其他情绪类似，它包括思想指导、生理唤醒和采取行动。例如，设想你的伴侣因为你没清理自己制造的烂摊子而对你发火。你心里明白自己犯了错。

第十章 策略五：判断愤怒的是非曲直

你本打算清理的，只是忘了。但你没有简单地说"对不起，我尽快打扫"，而是本能地为自己辩护。你可能会：

- 有一些诸如"你自己制造的烂摊子也经常忘记打扫，凭什么批评我？"之类的念头（思想）。
- 感到心跳略微加快或肌肉紧张，这与焦虑、羞愧或紧张感一致（生理唤醒）。
- 言辞变得尖刻、充满指责（"哦，好像你就从没忘记打扫过一样"），甚至否认自己的错误（行为）。❶

与其他所有情绪一样，自我防御在特定情境下更容易发生。事实上，你可以用类似于愤怒图解的方式来分析你自己或他人的自我防御行为，即确定触发事件（受到批评）、预生气状态（当时你的情绪状态）以及你对触发事件的评价（"我不应该听这个""你又是谁，凭什么批评我"）。

我之所以如此强调自我防御，是因为接受反馈对个人的成长和进步至关重要。无论身份或从事何种工作（员工、配偶、上司、学生、朋友、队友、表演者），你都需要虚心接受批评才能进步。这就是为什么几乎我填写过的每份研究生

---

❶ 出于某种原因，当妻子告诉我忘了关灯时，我很难当场承认自己忘了这件事。我知道自己有忘记关灯的坏习惯，但每次她提起，我都拼命想办法否认。我会绞尽脑汁把责任推到别人身上。写这段话时，我没有防备心理，因为不是在当时那种情境中，所以可以告诉你，这种感觉和立场完全不合理。但在当时，我总能找到各种理由搪塞。老实说，如果能合理地把责任推给狗，我会毫不犹豫地那样做。

177

推荐表或求职推荐表都会问这个人是否愿意得到反馈。

> **小贴士** 花点儿时间思考你的核心价值观是什么。你善良吗？你诚实吗？你想要不断学习和成长吗？你需要意识到你的价值观将影响你在面临挑战时的行为。

人们为什么会在别人对自己发火时产生自我防御心理？当人们犯了错，为什么会觉得承认错误并努力改正如此艰难？考虑到很多人在别人不愿认错道歉时会感到格外沮丧，这种现象就更奇怪了。"我只是希望对方能承认自己做错了事并道歉"是人们谈到冲突时的常见心声。可见，很多人对别人的期望和自己愿意做的事之间存在脱节情况。这是为什么呢？

当自我认同受到威胁

与大多数情绪体验一样，自我防御关乎自我保护。被指责犯错被视为对我们的幸福感或身份认同的威胁，我们对此感到不安。这种不安促使我们寻求某种慰藉和解脱。如果当时我们能理性思考，慰藉和解脱就会源自承认错误并加以改正。但当我们无法理性思考时，我们就会试图通过否认错误或把冲突焦点转移到对方身上来获得解脱。"对不起，我忘了洗碗"就变成了"是啊，但你也从来没像承诺的那样收拾衣服！"

> **关于愤怒的事实**
>
> 防御性是一种当身份认同受到威胁时的自然情绪反应。就像其他情绪一样，它具有保护作用，但可能仍会干扰进步。

当错误与自我认同不符时，它就更像是对人的一种威胁。如果有人指责我是个糟糕的钓手，那我不会在意。因为我没有把自己视作擅长这项活动的人，所以被说我干得不好丝毫不会对我产生威胁。但如果有人指责或暗示我是个差劲的老师、家长或配偶，那我会在意的。我想要并且一直努力成为扮演这些角色的好榜样，所以哪怕是再微小的暗示，只要表明我做得不够好，都会伤害到我。当有人注意到我犯了错误——不管多么微不足道，但这表明我没有很好地扮演这些我视为重要身份组成部分的角色——就会威胁到我，令我感到受伤。

我们的身份是宽泛且模糊的，会以各种隐晦而出人意料的方式受到挑战。一个出色的篮球运动员可能会在其他运动项目受到质疑时感到被攻击，仅仅因为认同自己的运动员身份。这种质疑让他觉得自己与生俱来的运动能力受到了威胁。一个看重善良品质的人可能会在被指出在交往中显得粗鲁或不礼貌时感到不安，他会觉得这种反馈威胁着作为一个善良体贴的人的身份认同。❶

有些个人特质会让你在别人对你发火时更容易产生自我防御心理。你可能缺乏安全感或自信。在受到挑战时，你可能会感到焦虑或难以应对。你可能有遭受创伤或被虐待的经历，这让此类情境在情感上对你而言格外艰难。就像其他情绪表达一样，防御性可能是你从小耳濡目染习得的行为。与任何情感体验一样，自我防御的根源可能很复杂，远超引发它的具体事物本身。

当然，反馈的来源也很重要，获得反馈时所处的环境同样如此。例如，李维·阿德尔曼（Levi Adelman）和尼兰贾纳·达斯古普塔（Nilanjana Dasgupta）在 2019 年的一项研究中探讨了人们如何应对"群体内批评"。[60] 群体内批评是指来自内部的负面反馈，比如队友、配偶或同事告诉你需要以不同的方式做某事。这篇论文包括三个独立的研究，作者探讨了人们在不同情况下是如何接受批评的。参与者被分为威胁组和非威胁组。威胁组的人会阅读一篇文章，内容是经济

---

❶ 这就解释了前面忘关灯例子背后的逻辑。我喜欢把自己视为一个负责任且关心环境的人，尽管忘关灯的习惯很小，却与我希望成为的人不符，所以我会为自己似乎无法改掉这个坏习惯而自我防御。

停滞可能导致工资降低和生活质量下降。在这两组中，参与者还会阅读另一篇文章，内容是经济停滞是因美国人的劳动态度不佳所导致的（参与者都是美国人，所以本质上是在指责他们导致了糟糕的经济状况）。第二篇文章的作者是一位美国经济领域的专家，但研究人员修改了这位专家的国籍以增加另一个变量。这位专家可能被说明是美国人（群体内），也可能被说明是韩国人（群体外）。

他们发现，当参与者没有感受到威胁（即没有读到他们可能很快就会经历生活质量下降和工资降低的文章）时，他们更愿意接受来自群体内的反馈，而非群体外的反馈。换言之，当批评来自韩国人时，他们表现得更具防御性。但当他们感到受到威胁时，接受群体内批评的意愿就下降了。当参与者担心自己的经济状况时，无论批评来源何处，他们都表现出了防御心理。这说明，自我防御的核心在于保护自己免受感知到的对情感或整体幸福感的威胁。

如何判断自己是否在自我防御以及如何应对

与所有情绪体验一样，在当下意识到自己正在自我防御可能很难。顾名思义，此时的你未必能清晰地思考，无法充分评估自己的感受、想法和行为。那么，你如何在自我防御发作时及时察觉呢？

第一，你可能会发现自己试图把话题转移到对方的行为上，这可能包括把注意力集中到探究是什么事情导致你做出那样的行为的，也可能包括强调对方曾如何冒犯过你或做过类似的事。这两种反应都能反映出你在试图忽略自己的过错，而将焦点转移到对方身上。

第二，你可能发现自己并没有真正在听对方说话。你可能在想接下来要说什么，而不是倾听对方对你说的话。如果是电子邮件或短信，你可能会拖延阅读，甚至读到一半就停下来。最后，你可能会发现自己在回应时采用了某种"是，但是"的逻辑，说一些诸如"我知道我不该那样做，但是……"或"我明白你的意思，不过……"之类的话。通常，这种逻辑表明你有逃避的倾向。

> **小贴士** 当你试图把注意力从自己的行为转移到对方的行为时，要留心观察。这往往是体现防御心理的一个很好的指标。

显然，长期的自我防御会带来一些严重的后果，有些是你自己承受的，有些则是你身边的人承受的。对你而言，它最终可能导致内疚和羞愧。当下逃避可以帮你在面对情绪化场合时暂时感觉好些，但从长远来看，你最终可能会为自己的行为感到内疚、尴尬，甚至悲伤，它还可能导致重大的关系问题。人际交往变得比原来更具敌意和情绪化。人们开始把你视为不讲道理或不值得信赖的人。但最大的问题在于，它阻碍了你有效解决问题并提供合理解决方案的能力。

如果自我防御正在阻碍你有效应对情绪化场合，这里有一些克服它的策略。其中一些需要你当下付出努力，但另一些则是你现在就可以着手的。

探索你的身份认同

如果自我防御现象在你的身份认同受到挑战时产生，那么花些时间探索你的身份认同就很有必要。你在什么时候会感到自己特别具有防御性？在那些时刻，你身份认同的哪些方面受到了挑战？更进一步，你能否以一种可能减少防御性的不同方式看待自己的身份？例如，你能否从"我必须是对的"转变为"我喜欢学习新事物"。这种转变意味着，当你犯错时，你会把它视为一个成长的机会，而不是对你智力的挑战。

在上面提到的阿德尔曼和达斯古普塔的论文中，有一个特别有趣的发现，可以进一步阐明如何应对与身份认同相关的自我防御。在他们进行的一项研究中，他们尝试了一种干预措施来减少防御性，即提醒人们树立一种"核心全民价值观"。他们让一半的参与者在参加研究之前阅读了一份关于符合言论自由价值观的声明（研究过程与上文相同）。他们发现，无论是否存在威胁，也无论批评的来源如何，这种框定都增加了参与者对批评的接受度。这表明，提倡一种核心价值观将降低人们产生防御心理的可能性。

因此，在这些自我防御产生的时刻，花点儿时间提醒自己与当前情况相关的核心价值观。当你做错了事，有人对你发火时，花点儿时间提醒自己你是谁，你在乎什么。与上述研究类似，你应该围绕你的价值观来构建行为体系。

预判可能产生自我防御的时刻

你可能会预判到某些让你感到产生自我防御的时刻。也许有特定的人（如上司、父母）总是让你感到紧张，或者有特定的情况（某种工作会议、节日聚会）总让你表现出防御性。一旦你意识到这些时刻即将到来，就可以为之做准备。你可以在情绪控制你之前就先决定要如何应对，要说些什么。

再次寻找（或制造）喘息的机会

在第七章，我写到了如何在情绪化场合保持冷静。所有那些建议在这里仍然适用。深呼吸、放松和保持镇静都是避免做出让你后悔反应的宝贵方法。但在做这些之前，你需要设法在当下喘口气。一旦意识到事态升级，就按下暂停键，

第十章　策略五：判断愤怒的是非曲直

这是重新集中注意力的重要一步。

对方的所作所为与对方的感受

务必记住，一个人的感受与如何表达这种感受是相关但不同的两件事。一个人可以对你发火，而这种愤怒可能完全正当，但这并不意味着对方可以想怎么对你就怎么对你。正当的愤怒并不能成为一个人对你大吼大叫或说一些残酷、伤人的话的理由。记住这一点很重要，原因有以下两点。

第一，特别是在开始自我防御时，我们很容易只关注对方的行为而忽视背后的感受。他们的行为成了你忽视他们愤怒正当性的理由的借口，而他们的愤怒很可能是合理的，它源于你在现实中发生的对他人不公正的情况应负的责任。虽然你不必忍受粗暴的对待，但试着将对方的所作所为与感受分开，可能有助于你更有效地纠正错误。如果你能对自己说："尽管他们的行为不妥，但他们的愤怒是合理的"，你就可以解决问题，这表明：①你犯了错，但希望予以纠正；②你期望今后得到更合理的对待。

第二，虽然你不应该因为不赞同对方的行为就忽视他们正当的感受，但你也不应该让对方正当的感受成为他们对你做出不当行为的借口。例如，我听人说过诸如"考虑到我对他的所作所为，我活该遭此对待"之类为残暴行径开脱的话。你完全可以合理地向对方表达：尽管你意识到自己可能给对方造成了伤害，而对方理应感到愤怒，但你不会容忍他的不合理行为。总之，你可以远离生活中"有毒"的人和环境。

如何道歉

那么，当你认定对方的愤怒情绪是正当的，而自己的确做错了事，希望予以弥补时，你能做些什么呢？我们并非总能改正自己造成的错误，但我们可以采取措施尽量弥补。后续步骤可能始于道歉。

即使抛开自我防御不谈，道歉对于有些人来说也很难。但这真的很重要，因为它有助于修复受损的关系，能为针对你有过错的具体情况找到有意义的解决方案。此外，它还有一个额外的好处，即可以帮助你减少因犯错而产生的内疚感，因为你正在采取措施予以弥补。考虑到这一切，以下是关于道歉的三个重要步骤。

第一，为你的所作所为负责，并确保这体现在你道歉时使用的语言中。说"对不起，但是……"或"如果……很抱歉"并不能反映出真诚，但说"我很抱歉，我伤害了你／没完成那份报告／忘了给你打电话"表明你承认你犯了错，你将对此负责。

第二，确保对方知道你为自己的所作所为感到懊悔或难过，这也能在你道歉时使用的语言中表露出来，比如说"我真的很后悔这样做"或"让你有这种感受，我感到很难过"。

第三，尝试弥补或至少提出弥补你能做到的部分。如果你没有完成对方指望你完成的工作，就与对方一起设法将影响降到最低。如果你辜负了对方的信任，就告诉对方你今后会努力避免再犯同样的错误。

当然，有些情况需要时间来解决，指望人们仅仅因为你道了歉就突然不那么生气是不合理且不公平的。原谅需要时间和精力，即便是最深切、诚挚的道歉也不能抵消伤害。

并非每个生气的人都会告诉你他生气了

当然，并非每个生气的人都想和你沟通。如你所知，愤怒可以通过许多不同的方式表达，有时生气的人会封闭自我，陷入沉默。你该如何应对一个就是不愿意沟通的愤怒的人？如果对方甚至不愿向你承认自己正在生气，你该怎么办？我们将在下一章讨论这个问题。

第十一章
策略六：与拒绝沟通者重新展开对话

切断联系

一位名叫安妮的来访者曾经向我倾诉，她疏远了一位朋友，而她不知道该如何处理。起因是一些小事，但最终升级为一场大的争吵，安妮伤害了朋友的感情。之后，这位朋友彻底切断了与她的联系。朋友不再回复她的电话和短信（这是在社交媒体时代之前的事，但我想即使在现在朋友也会在社交媒体平台上解除好友关系），而当她们在大学校园里偶遇时，朋友只是从她身边走过，不打招呼，也不与她有眼神交流。

安妮感到非常伤心。她想念这位朋友，也为自己的所作所为感到内疚。然而，让事情变得更加复杂的是，她并不认为自己应当承担全部责任。她告诉我，她们二人在争吵过程中言语都很过激，都说了一些伤人的话，也都有充分的理由感到愤怒。

第十一章　策略六：与拒绝沟通者重新展开对话

安妮觉得要挽救这段友谊并非完全是她的责任，但她也知道朋友不会付出任何努力，这一点让她感觉更加糟糕。

安妮和朋友之间的情况显然是一个关系问题，但同时也是一个愤怒问题。问题的核心是，两个人都在生对方的气，其中一方通过切断联系来表达愤怒，而安妮将这种沉默解读为对方不想继续这段友谊，这可能是事实，但也可能并非如此。

> **小贴士**
> 当有人因为生你的气而切断与你的联系时，花些时间思考一下驱动这种行为的动机是什么。是受伤、不善于处理冲突，还是对方试图操纵你？他们是想结束这段关系，还是有别的什么目的？回答这些问题将为你与他们和谐相处提供一个窗口。

"管理他人情绪不是我的工作"

在写这一章时，我很好奇人们会如何处理这类情况。因此我在社交媒体上询问大家，如果遇到这种情况他们会怎么做。我在短视频平台上发布了一段视频，几小时内就收到了200条回复。回复的内容大相径庭，比如：

- "视情况而定，但如果是我在乎的人，我会发短信问问怎么了，问我能做些什么来修复关系。"
- "我会把这当作一个信号，意识到他们不想谈论此事。我会尊重他们不交谈的选择，给他们留出空间。他们想谈的时候自然会开口。"
- "主动说出自己的需求或者表达不满是他们的责任，我们不能强迫他们挺身而出。"
- "我会主动问一次，然后以一种轻松、开放的方式表态：如果你想谈谈这件事，随时欢迎。之后就不再打扰他们了。"
- "我会忽略它，就当没意识到这种情况。这会让对方心力交瘁，他们要么开口，要么就此消失。无论如何，这都是他们的选择。情况本就如此。"

总的来说，大家的普遍看法介于"我会主动联系一次，让他们知道我随时恭候"和"我什么都不会做，这是他们的问题，管理他人情绪不是我的工作"之间。

不过，有几位回复者指出了一些关于这类情况的重要问题，那就是我们其实并不知道安妮的朋友为何切断联系。很多人假设这是因为朋友不想再继续维持这段关系。还有人认为，这是因为朋友不成熟，在试图通过这种方式操纵人，甚至想让安妮求她原谅。这些都是合理的原因，但可能还有别的解释。记住，愤怒可以通过很多不同的方式表达，而一个人的表达方式可能并非下意识的或是事先计划好的。这可能

第十一章　策略六：与拒绝沟通者重新展开对话

只是他们感到舒服的方式，或者是他们认为表达愤怒的最佳方式。

驱动因素是什么

事情可能不一定像上文中安妮的遭遇那样戏剧化，但有时确实如此，对方就是想直接避开你。他们不回复你的来电、邮件和短信，当面遇到你时也视而不见。或者，他们只是在与你的互动中逐渐淡出，但并未完全切断联系。他们可能仍然会回复你，但变得越来越冷淡，你们的交流大多流于表面，不复从前的亲密无间。他们的愤怒情绪产生了长期的负面影响，使你们的关系脱轨。

但产生这种结果的原因可能并非你想象的那样（至少，可能比乍看上去要复杂）。诚然，一切始于一场导致愤怒的争执，但这并不一定意味着他们切断联系的原因仅仅是感到愤怒。当人们像安妮的朋友那样停止沟通时，可能是因为他们在生你的气，也可能是别的什么。不过，需要注意的是，几乎所有关于这个话题的研究都着眼于恋爱关系中的"戛然而止"[1]现象，即一方突然消失，而不是以正常的方式结束关

---

[1] 互联网对这个话题有两种看法。一种看法是，"戛然而止"很常见，有些人认为这是结束关系（尤其是不健康关系）的一种合理方式。另一种看法是，将做出这种行为的人评价为不成熟，甚至是沟通技巧太差。

系。我们需要从中推导出其他类型关系的情况。以下是几种合理的解释。

尴尬

有时候，人们会因为在争吵中的表现感到尴尬而采取这种沉默的方式。他们可能没有意识到这一点，甚至并非有意为之，但主动联系与他们争吵过的人，意味着要以一种让他们不舒服的方式再次面对那种情况。他们感到羞愧和不自在，回避是一条令他们最舒适的路径。通过切断与你的联系，他们不必重温自己说过的话或做过的事。

悲伤、感到受伤或抑郁

有时候，缺乏联络是出于深深的悲伤，甚至是抑郁。他们最初的愤怒已经因你的某句话或某个行为而转化为感到受伤。你甚至可能没有做任何具体的事，只是你们意见相左这一事实本身（或是他们对分歧含义的解读）让他们在情感上感到痛苦。联系你会加剧这种伤害，所以他们选择了回避。

冲突带来的不适感

冲突令人不快，会让一些人感到非常不舒服，甚至焦虑。当人们像这样封闭自己或回避与你接触时，可能只是在努力回避处理一些对他们来说非常困难的事情。在面对恐惧和焦虑时，回避是一种自然且常见的反应，人们在冲突过程中感受到的痛苦会促使他们回避这段关系。

被动攻击性操纵

这种沉默有可能是出于被动攻击，意在伤害与他们发生冲突的人。他们知道切断与对方的联系会伤害对方，而这正是他们的目的。这甚至是在关系中占据上风的一种方式，传达出一种"我不需要这段关系"的信息。他们想要对方道歉，甚至乞求自己的原谅。

真心想要结束关系

切断联系很可能反映了真心想要结束这段关系的意愿。这可能是由上文提到的种种感受所驱动的，包括悲伤、感到受伤、尴尬或恐惧。不管是什么原因，他们可能只是受够了这段友谊，想要摆脱它并继续轻装前行。这可能不是最成熟的处理方式，但经常发生。

试图重建联系

面对这种情况，你该怎么办？当一个人对你生气并且切断了所有的联系，你应该如何有效地应对？

确保你知道切断联系的原因

了解这些不同的原因很重要，因为它们可能需要你采取不同的应对方式。一个因为自己的言行感到尴尬而切断联系的人，可能需要你给出与生你的气却在避免冲突的人不同的回应。你需要对上述两种情况都温和以待，但后者可能需要你给予更多的鼓励，让他们说出想说的话。

坦白说，知道了原因可能会让你根本不想采取任何行动。例如，如果你意识到对方是在操纵你或被动攻击，那么你可能会决定不去投入精力经营这段关系。即便是在避免冲突的人，你也可能不想做任何事去弥补。正如许多人在社交媒体上对我说的那样，你可能会认为管理他人的情绪并非你的责任。这段关系的性质以及这个人对你的重要程度，决定了你的行为选择。

考虑你愿意为这段关系做些什么

修复一段对方拒绝沟通的关系需要你付出很多努力。你至少需要打破沉默，主动伸出橄榄枝，但可能需要做的不只这些。维系这段关系可能意味着你需要为自己的某些行为道歉（也许是你并不觉得自己应当完全负责的事）。这可能意味着你需要压抑一些自己的感受，以保护对方的感受。你需要决定这段关系对你意味着什么，以及你愿意为维系这段关系做些什么。

有很多因素会影响这个决定。比如：这个人在你生命中所扮演的角色（如朋友、同事、家人），他们与你生活中其他人的关系，他们拥有的权力，你的感受等。这些额外的因素都会以重要的方式影响局面。你为维系关系而选择采取的行动必然取决于他们是谁，以及他们对你的生活意味着什么。

明确什么是最重要的

在第六章，我强调了在与愤怒的人互动时，明确一个目标很重要。在这些情况下，这一点依然适用。如果你要主动联系一个对你生气并且切断了联系的人，你的目标是什么？你如何实现这个目标？你是想维系这段关系吗？你是想确保他们理解你在争议问题上的立场吗？你是想抓住最后的机会说再见吗？这些目标中的每一个可能都需要不同的方法。要维系关系，你可能需要克制自己说出某些话，尽管你真的很想说。为了确保对方理解你的立场，你需要以一种可能让你和对方都不舒服的方式保持诚实。认真思考你的目标以及如何实现它，但也要灵活地考虑对方可能想要什么。

把球传给对方

当你决定主动联系对方时，选择一个最适合你们双方的渠道。例如，我在第五章提到的以法莲非常重视通过发短信来进行艰难的对话。他觉得有时间思考和组织自己的想法很重要。考虑到如果对方切断了联系，他们可能不会接你的电话，发短信可能是你或你联系的对象看重的方式（这一点尤为重要）。无论你如何联系对方，都要以直接但不带敌意的方式让他们知道你的感受，并给予对方采取下一步行动的权利（例如，"我想你一定在生我的气，我想和你谈谈这件事。请告诉我你什么时候准备好了。"）

> **小贴士** 安排面对面或电话交谈会有帮助，这提供了一个计划和做好心理准备进行讨论的机会。

当他们回应时，要接受反馈，学会倾听

如果你有机会当面或通过短信、电子邮件与对方沟通，一定要保持灵活，乐于接受反馈，并以开放的心态倾听对方的立场。正如第十章所讨论的，在这种时刻想防御是自然且正常的。你可能会因为对方说的某些话而感到受到攻击，最好提前为这种可能产生的感受做好准备。带着你想要传达内容的计划开始互动，并与你之前认定的最重要的目标保持一致，但要做好事情朝着与预期不同的方向发展的准备。要解决问题，必然需要多方面的努力，因此你需要准备好多种解决方案。

知道何时放弃

你可能不想听这个，但可能会有一个时刻，你只需要放弃。记住，他们切断联系的原因之一，可能是真心想要结束这段关系。如果是这样，你可能无能为力且无法改变他们的想法。事实上，在对方明确表示不想继续这段关系后，你仍然试图重建关系，这是不尊重对方的表现。倾听对方意味着尊重他们的意愿，在他们希望你退出时选择退出。

或者，你可能会在这个过程中决定，你不再与这个人保持关系。你可能会认为，这段关系需要太多努力，或者对你不再有益。你可能开始意识到与他们保持关系会产生意想不到的情感后果，当你全面考虑时，这似乎不值得。这也没关系。

照顾好自己

不可否认，这种互动会给你带来情感上的损耗。如果你真的进行了这场对话，它可能会让人筋疲力尽，感到不舒服。要意识到，你可能需要休息一下，甚至可能需要暂时中止对话，以获得休息和远离事态对你造成的影响。在这里，运用第七章讨论的一些保持冷静的策略很重要。

同时，如果对方没有回应，你无法进行这场对话，那会以另一种方式让人感到情绪枯竭和痛苦。无论是什么原因导致对方做出这个决定，决定不再让你成为他们生活的一部分，都会令人伤心和苦恼。你可能会责备自己，为问题感到羞愧和内疚。但更重要的是，尽你所能照顾好自己，保持乐观，从经历中学习。

关于愤怒的事实 | 受损的人际关系是处理不良愤怒情绪最常见的后果，大多数愤怒项目调查的被访者表示，在过去一个月里，他们因愤怒而至少伤害了一段关系。[61]

互联网上的敌意

安妮遭遇的事情并不令人愉快。安妮通过电子邮件联系了她的朋友，希望有机会谈谈发生了什么事，甚至为自己的过失道了歉。但她从朋友那里得到的回复却充满敌意，明确表示——也许过于直白——她不想再和安妮做朋友了。安妮感到受伤，治疗的重点迅速从"我如何修复这段友谊？"转移到"我如何走出失去朋友的阴霾？"

不过，这确实引出了一个非常有趣的问题，即如何应对一封愤怒的电子邮件。或者，更广泛地说，我们如何应对各种形式的"网络愤怒"（如社交媒体、短信、约会应用等）？我们经历的大部分愤怒不是面对面的，而是屏幕对屏幕的。那么，应对网络敌意的一些有效策略是什么？下一章就是关于这个话题的讨论。

第十二章
策略七：在网络世界中驯服愤怒

网络愤怒的不可忽视的影响

2014年，范锐和同事们开始探究特定情绪在网上的传染性。[62] 他们想了解哪些情绪在社交媒体上传播得最快。他们使用微博捕获了278 654名用户发布的约7000万条帖子。他们根据表情符号、大写字母和其他因素的使用，将这些帖子的情绪编码为四类：厌恶、悲伤、快乐和愤怒。然后，他们观察了哪些帖子最有可能被他人点赞或分享。

他们的发现很有趣，虽然对过去十年里花大量时间上网的人来说可能并不令人惊讶。与分享快乐或愤怒的帖子相比，人们通常不会分享表达厌恶或悲伤的帖子。他们会分享快乐的帖子，但前提是他们与原始帖子的分享者有联系。而愤怒的帖子，不管他们是否认识发帖人，都会分享。换句话说，人们会加入认识的人共享快乐，但无论认不认识，都会

加入愤怒者的行列。这使得研究人员写道："我们推测，愤怒在社会负面新闻的大规模传播中扮演着不可忽视的角色。"❶

网络情绪的相似性与差异性

大多数人已经注意到，上述研究真正表明的是愤怒在网上无处不在。你可能每周几次到每天几次在网上互动时都会遇到愤怒的人。他们也许是你认识的人，通过电子邮件、短信与你互动，也许是你在社交媒体上遇到的陌生人，以后可能再也不会联系的人。但有趣的是，即使与陌生人在网上争论的后果可能与朋友争吵不同，但引起愤怒的原因却非常相似。

我们在网上如此频繁地遇到愤怒的人，其原因相对简单，这是因为社交媒体和电子通信形式（如电子邮件和短信）已经显著地改变了我们体验和表达情绪的方式。它为表达情绪提供了新的场所，给了我们额外的刺激来做出反应，甚至改变了我们解读这些刺激的方式。

更多的感受机会

每天早上，我起床后都会给自己泡一杯咖啡。在咖啡

---

❶ 考虑到自2014年写下这句话以来发生的事情，以及公众愤怒对这些事件的影响，这句话有些令人瞠目结舌。2016年和2020年的美国大选在很大程度上是由愤怒驱动的，其中很多愤怒是通过社交媒体传播的。

第十二章 策略七：在网络世界中驯服愤怒

煮好的时候，我会浏览脸书、推特或一些其他社交媒体平台，了解自上次查看后9~10个小时里发生的事情。通过这样做，我接触到各种各样的刺激源，并因此做出情绪反应。我可能会为得知一位老朋友要结婚而感到高兴，为看到我关心的人生病而感到难过，或者为同事分享的政治新闻而感到愤怒。这是我15年前没有的感受机会。以前，我可能永远不会知道那位老朋友要结婚，因为我们失去了联系。现在，我能为他们感到高兴，而这在社交媒体出现之前是不可能的。

因此，我们每天都会有各种大大小小的情感体验（取决于浏览各种社交媒体信息流的频率）。但这不仅局限于社交媒体。我们现在以前所未有的方式与新闻媒体相连。几十年前，大多数人每天只看几次新闻，可能通过报纸或电视晚间新闻。但现在，新闻会通过应用程序或电子邮件提醒立即传来。即使你选择避开这种技术，无处不在的新闻媒体也意味着我们无疑会更频繁地通过那些与之密切相关的朋友、同事和家人听到新闻。像社交媒体一样，这最终会影响我们的情感生活，因为这些额外的新闻内容在情感上并非是中性的❶。[63]

---

❶ 事实上远非如此。根据乔纳·伯杰（Jonah Berger）和凯瑟琳·米尔克曼（Katherine Milkman）博士在2012年的研究，能调动高唤醒情绪的新闻内容，尤其是愤怒或恐惧情绪，更有可能在网上传播。所以，你接收到的信息很可能会唤起相关感受。

这是新的感受机会。

新场所和新语言

电子通信形式，如短信、电子邮件和社交媒体，为人们提供了另一个表达情感的地方，甚至是另一种语言。当人们对某人感到愤怒时，他们可以以前所未有的方式传达这种愤怒情绪。他们可以给冒犯自己的人发一封愤怒的邮件，在推特上直接对公司发泄不满，或者在脸书上发帖让朋友看到。这是一种从根本上看不同的表达愤怒的方式，将会对你和你周围的世界产生重大影响。如果再加上其中一些场所是匿名的，或者至少对用户来说感觉是匿名的，它们很快就会成为愤怒蔓延的温床。

互联网不仅为愤怒表达提供了新场所，技术还赋予了我们新的愤怒表达语言。可能起初只是提供了一些基本的表情符号，如:-)，但如今已经发展成更加复杂却引人入胜的表达方式。表情符号、话题标签、表情包和GIF动图都被用来以幽默或非幽默的方式分享愤怒。同时，各大社交媒体平台上充斥着让人们生气进而发泄的视频。轻松制作和随意表达愤怒的视频，与人们过去生气时的做法有很大不同。此外，社交媒体为更多具有被动攻击性的愤怒表达打开了大门。愤怒的人利用社交媒体传播谣言，甚至公开羞

第十二章　策略七：在网络世界中驯服愤怒

辱他人。❶

改变挑衅前的情绪状态

我们某一时刻在网上做的事情会改变我们的情绪状态，增加我们在受到刺激时生气的可能性。珍妮·雷德斯基（Jenny Radesky）博士及其同事发现了关于这种情况的一个例子，[64] 他们观察了看护者在快餐店与孩子的互动。他们发现绝大多数看护者在用餐期间使用了手机，而当他们使用手机时，对孩子的态度更加严厉。在那一刻使用先进技术工具实质上意味着他们的耐心更少，更有可能做出愤怒的反应。

但从更广泛的意义上说，我们在网上接收的信息改变了我们看待世界的方式。回想一下第五章讨论的易怒者的世界观，这些世界观通常是由他们接触的在线内容塑造的。他们针对他人的期望、把观点当成事实的倾向、过度概括的倾向以及灾难性的想法，都是通过接触的媒体形成的。由于社交媒体信息流通常由持有相似价值观的其他人发布的内容组成，用户往往生活在一个回音室中，周围都是赞同自己的

---

❶ 我的学生曾经告诉我，报复某人的相对常见的方式是故意在网上发布他们的不雅照片。我收集了一些数据，发现确实有 4% 的参与者这样做过。我不会将这称为"常见"，但这确实正在发生。这也让我想知道，愤怒的学生是不是拍了很多我上课时的不雅照片并分享出去。

人。他们失去了宝贵的视角，开始认为其他人也应该像他们一样看待世界。他们很难相信其他人应该这样看待这个世界，更难以去理解或同情那些以不同方式看待世界的人。

> **小贴士** 社交媒体容易滋生许多前文提到的愤怒想法（非黑即白的二分法思维、贴标签、针对他人的期望等）。请记住，你互动的对象是一个有着复杂动机的人，不能用一条推义或脸书上的帖子概括。

为什么人们在互联网上如此充满敌意

当我第一次读到范锐等人关于愤怒在网上不可忽视的影响的研究时，我有一百万个不同的想法。我并不惊讶于这个发现，更多的只是想知道为什么会这样。互联网（无论是社交媒体还是电子通信）具有什么特点，使人们如此愤怒和充满敌意？为什么愤怒情绪会传播得如此之快？这是一个有趣的问题，你可以通过将其与另一项令人愤怒和敌对的活动进行比较来找到答案：开车。无论是上网还是开车，这两种活动都有一些容易引发愤怒的要素。

第十二章 策略七：在网络世界中驯服愤怒

与你交往的人保持距离

当你像在路上一样，在线上与某人互动时，你与其保持着空间上的距离。你看不到自己所说或所做的事情对你交流对象的影响。这种物理距离使人们更容易以敌对或残忍的方式表达愤怒。当你说一些伤人的话时，如果你不直视对方的眼睛，那一切就容易多了。

匿名性（或觉得处于匿名状态）

即使人们不是匿名的，他们在网上时通常也会感到自己处于匿名状态（就像他们开车时一样）。2016 年，两位研究人员探讨了匿名性对网上互动的影响。[65] 参与者与其他人一起重组一系列单词，相信如果他们成功完成就会获得奖励。然而，这项活动被操纵了，所以他们总是失败，与他们一起"工作"的其他人实际上是研究的一部分，而不是真正的参与者。完成后，他们被要求在匿名或非匿名条件下写一篇博客文章，讲述他们在研究中的经历。结果显示，匿名组对"合作伙伴"的敌意和攻击性比非匿名组更强。

令人稍感不安的是，人们似乎没有意识到匿名性是如何影响他们的。在 2013 年我进行的一项关于在线咆哮的研究中，67% 的参与者表示，即使不处于匿名状态，他们也会在网上咆哮。[66] 他们说匿名与否不会影响他们的任何行为。然而，上述研究表明，事实并非如此，无论他们是否承认，匿名性确实会影响他们。有很多人没有意识到这种匿名性或感知到的匿名性如何影响他们的行为。❶

冲动加剧

有些我们认为是愤怒问题的情况实际上可能是冲动问题。我的意思是，很多人生气了，但能控制住自己的情绪。他们没有说或做残忍的事情，不是因为他们没有这样的想法或欲望，而是因为他们能够阻止自己冲动行事。但其他人生气时会冲动地表达愤怒，说或做一些让他们后悔的事情。

网络平台的属性决定了它容易加剧冲动性。2016 年，《柳叶刀-精神病学》的一篇文章将网络冲动性称为"公共卫生问题"，并解释了网络环境中冲动加剧的多种方式。[67] 他们强调匿名性是一方面，额外还指出缺乏线下环境中存在的一些约束加剧了人们在网络上的冲动性。当人们在线上时，对所做之事可能带来的后果的恐惧（来自警察、教师或家长等当权者）并不如线下那么普遍，所以做出一些敌对、残忍或侵略性行为时会感觉自己更安全。

---

❶ 我不禁回想起罗森塔尔博士（第四章）关于人群存在于网络世界中的说法。我们知道，人们在群体中会做一些他们独自可能不会做的事情，其原因之一是当他们身处人群时，会感到一种匿名性。同样的心理原则在驱使线下暴民的同时可能也在驱使着网上暴民。

奖励和模仿

社交媒体上出现的一个不寻常但很重要的现象是，人们经常因表现出敌意而得到鼓励甚至是奖励。正如前面范锐等人的研究所证明的那样，愤怒在网络上比其他情绪传播得更快（例如，带有愤怒情绪的推文比不带愤怒情绪的推文更有可能被点赞和转发）。那么，对于发帖者来说，这意味着如果他们展露愤怒或引发愤怒，帖子更有可能获得点赞和分享的奖励。这又回到了我们在第三章讨论的基本行为主义。人们以他们得到奖励的方式表达情绪，所以当他们因表达愤怒、敌意和攻击性而得到奖励时，就会继续这样做。

当然，正如第三章所讨论的，情绪表达并不完全由奖励和惩罚决定。模仿也在其中起着一定的作用。人们会做他们看到其他人做的事情，尤其是地位相似或更高的人。因此，社交媒体上已经存在的愤怒现象往往会导致更多愤怒情绪。名人和政客使用社交媒体作为表达愤怒、敌意和攻击性的工具，向人们表明这是一种可接受的情绪表达方式。再次强调，网上已经存在的敌意和愤怒情绪会导致更多的敌意。

| 关于愤怒的事实 | 接受调查的受访者表示，他们在网上表现出攻击性的频率大约为平均每月一次。[68] |

应对网上愤怒情绪的策略

我们在本书中讨论过的大部分内容在这里仍然适用。例如，你应该明确你的目标，保持冷静，并质疑愤怒是否合理。从某些层面上看，实际上在网络环境中做到这些更容易一些，因为你通常有时间冷静下来，仔细思考如何回应。无论你是与陌生人还是熟人打交道，在网上处理愤怒情绪时，都有一些具体的事情需要思考。然而，每一个策略的核心都是要避免通过带入你自己的愤怒情绪而火上浇油。

等待

我在大学里有一位教授，从不让学生在拿到成绩后的 24 小时内询问成绩。她说她希望学生对成绩的情绪反应在讨论之前消退。我不确定 24 小时是否是一个神奇的数字，但在回应之前花一些时间消化情绪是合理的。请记住，另一个人对你表示愤怒通常会引发你的情绪（如愤怒、焦虑、悲伤、内疚）。在你回应之前等一段时间可能会让这种情绪逐渐消散，这有助于厘清思路。正如第五章中以法莲提到的，这是处理网络上愤怒情绪而非面对面愤怒情绪的一个优势。通常没有必要立即回应，你可以自由地花些时间，以不同的方式思考问题。情绪持续时间是相对短暂的，所以等待 20 分钟到 30 分钟就足以让你以不同的视角看待和思考事情本身。

> **小贴士** 等待情绪恢复平静可能是一个宝贵的策略。在人际互动过程中这不太可能,但在网络上你通常有时间决定是否做出回应以及如何回应。

尝试离线处理

我曾在一个青少年庇护所工作,处理冲突时我们学到的第一件事就是避免有观众在。我们普遍认为,有其他孩子在旁观看会让冲突变得更加复杂。处于危机中的孩子可能觉得需要保全面子,而其他孩子可能会故意做些事来鼓动冲突,而你这个试图干预的人可能会在采取某种行动时感到有压力。在网上也是一样,如果你在社交媒体上进行这种互动,其他用户的在线关注可能会使情况变得更加困难。

相反,尝试以其他方式联系可能更好(当然,这取决于你与他们的关系)。如果技术允许,私信或用电子邮件联系可能会更有效,因为它会摆脱他人的关注。你可能还想给他们打个电话或安排一次面对面交谈。鉴于上面描述的距离如何加剧敌意,也许面对面交流是更好的选择。

避免使用愤怒的表情符号

网上交流有一个有趣的点,即人们经常不遗余力地明确传达自己的情绪(而不仅仅是陈述)。他们觉得需要使用全大写字母、愤怒的表情、额外的感叹号、粗体等各种方式来表明自己在生气。然而，如果你真的想改变一个人的想法或就某事进行有效的对话，这些方法并没有说服力。它们可能显得多余，削弱了你想要表达的更广泛的观点。在电子邮件中告诉某人你很生气没有什么不妥，但最好直接说你正在生气，而不是用一个愤怒的表情。

这并不是说你在交流时永远不应该使用表情符号，尤其是正面的表情符号。表情符号可以用来缓和情绪，表达文字中不明确的情感。❶例如，笑脸可以表明某事是个玩笑或表明轻松愉快，例如，"除非我在那之前辞职:)"。难过的表情可能表示你对某事特别沮丧，例如"我今晚不能出去，因为明天一早有个会议:("。但它们也可能被用作被动攻击的网络交流方式，作者意图或假装用笑脸或"LOL"❷来缓和攻击性评论（"希望你这次能准时LOL"）。你应该仔细思考你试图用这种方式表达什么情绪，以及选择如何表达。

---

❶ 表情符号的起源提示了它的存在正是为了这个目的。1982年，当卡内基–梅隆大学（Garnegie Mellon University）的留言板上出现了一个笑话被误解的情况时，参与在线对话的人斯科特·E. 法尔曼（Scott E. Fahlman）回答说："我建议用以下字符序列作为笑话的标识: :)。侧身阅读它。"每次我的孩子给我发一串20多个表情符号，但没有任何上下文或说明时，我都会责怪他。

❷ "Laugh Out Loud"的缩写，放声大笑。——编者注

发布前让他人阅读你的回复

情绪化（尤其是愤怒）通常会成为人们解读所读内容的一个滤镜，这意味着你要回复的人可能会因当时正处于愤怒状态而误解你写的内容的意图。同样，你对他人感到愤怒时，可能会以你没有意识到的方式影响你写的内容。基于这两个原因，在发布之前让别人阅读你写的内容是明智的。在发送之前用另一双新的眼睛审视它，可以提供非常不同的视角。

问问自己为什么要回复

重申一下我在第六章讨论的内容，思考一下你在这种特定情况下的目标。你试图通过这个回复达到什么目的？你试图实现的目标是有价值的且可实现的吗？如果不是，那在这种情况下你能实现什么不同的目标吗？如果是有价值的且可实现的，那最好的实现方式是什么？在回应网上的愤怒情绪之前，你应该问自己这些问题，因为它们可以决定你如何行动。你还应该记住，有时候选择不回应也是可行且合理的。

对许多人来说，这是一个挑战。他们因防御或报复的欲望而认为自己必须回应，以至于没有清楚地思考他们真正想从互动中得到什么。有些目标可能无法实现（比如说服互联网上一个愤怒的陌生人,说明他的政治观点是错误的)。❶ 即使目标是可以实现的,但实现它也需要深思熟虑并提供有意义的方法。这可能需要线下沟通,在再次对话之前花时间冷静下来,或者采取其他措施。

活在当下

网络上的愤怒和敌意情绪有一点总是让我印象深刻,那就是人们经常觉得可以随意以一种我无法想象他们会在现实生活中使用的方式互相攻击。在网上,我被称呼的那些侮辱性词语是我在线下从未经历过的。不过,人身攻击可以有很多种不同的表现形式。它们并不总是基于公然敌对或故意报复。有时,我们无意中通过过度概括或以更微妙的方式给人贴标签而侮辱了对方。与愤怒的人交谈最终会涉及更多的内容,因为我们很难活在当下。在下一章中,我们将讨论如何在与愤怒的人交谈时避免人身攻击。

---

❶ 人们有时会问我,如果你知道你永远不会改变他们的想法,那你为什么还会选择在网上和别人争论?答案是,我并不是在和他们争论,当然我也并不打算赢。我这样做是为了把我的观点传达给那些可能还没有确定立场的人。我把它作为一个机会,与可能不确定自己感受的人分享我的想法。

第十三章
策略八：避免人身攻击

"你总是这样"

在 2019 年的电影《高才生》(*Booksmart*) 中，有一个场景让我既爱又恨。对于那些没看过这部电影的人来说，这是一部关于两个好朋友在高中毕业前夜努力赶往一个聚会的喜剧片。随着夜晚的来临，她们遇到了一系列问题，一些事情的发生使她们的友谊遇到了挑战。最终，她们因一件相对较小的事情而争吵起来。一个人想离开聚会，而另一个人想留下来。不过，当其中一个人说"我不想离开，因为你总是这样"时，分歧迅速升级了。这个争吵的焦点不再是他们是否要离开聚会，而演变成了其他问题。这场分歧最终演变成了一场"全面战争"。

我讨厌这个场景，因为看着实在太痛苦了。这是两个关系非常好的朋友，想在上大学前好好享受一下不多的相处时光。看着她们这样爆发，让人感到心痛。但我也爱这个场景，因为它让人感觉非常真实。它表现出我所见过和经历过的这类争吵的发展走向。她们都不再解决问题，而是开始用伤人的话来占据上风。"你自私又刻薄。""你就是个懦夫。""你是个糟糕的朋友。"

人身攻击的多种表现形式

我所说的避免对他人进行人身攻击，是指你应该避免说一些伤人的话来攻击他们作为人的品性（说他们愚蠢、刻薄，是个糟糕的朋友）。表面上看，这似乎很容易做到。因为如果你想与某人进行有效对话或良性互动，你就会避免侮辱他们。坦白说，即使你不想进行有效对话，只想结束互动，对别人进行人身攻击也不是个好主意。虽然当下这么做可能会让有些人感觉良好，但人身攻击实际上很少能带来好的结果。

尽管如此，当人们与愤怒的人发生争执时，说些侮辱性的话或做出侮辱性的行为还是很常见的。产生这一现象有两个原因。第一，人们可能被当下的情绪所左右——也许他们自己也生气——爆发出来能让自己感觉好些。因为愤怒可以被视为一种强烈的情感欲望，所以当人们愤怒时，想要说一些伤人的话或做一些伤人的事情是完全自然的。我们在第六

第十三章 策略八：避免人身攻击

章讨论过的那种报复本能——为了实现目标你需要放下的本能——在这时就会出现，你会短暂地想伤害对方多于想解决分歧。

第二个原因也时而发生，而且没那么明显，那就是人们并不一定意识到自己在攻击别人的人格。就像前面《高才生》中的例子，冒犯往往源于一种归纳或贴标签的倾向。当你观察《高才生》中争论升级的过程，你可以准确地识别出事情出错的那一刻，就是当其中一个人将讨论从具体情境延伸到评论更宽泛的人格特征，说"你总是这样做"的时候。❶

这种将单一事件延伸为反映一个更宽泛的人格特征的倾向，往往是分歧升级为争吵甚至"全面战争"的原因。当有人对你生气时，很容易说"你总是这样"或"生气的时候你真是不可理喻"之类的话。当你这样做时，你就在以一种听起来和感觉上像是在攻击对方的方式，对此人的行为进行过度概括和贴标签。

老实说，即使这本不是有意的，实际上也算是一种攻击。当你过度概括或贴标签时，你把一个单一的事件变成了一种概括性的事件。你在说，对方现在做的这件让你烦恼的

---

❶ 我并不是在说明一个人有错而另一个人是无辜的，事实绝非如此。两个朋友都有很多机会来缓解矛盾。但那句话——提到她"总是"做的事情——是争论的转折点，它不再聚焦于她们是否应该离开的讨论，而开始关注别的事情了。

事是他经常做的，因此你认为这是他性格上的缺陷。问题不再是关于对方做了什么，而是关于对方是什么样的人。

举个例子，设想你在工作中犯了一个错误，你的同事对你发火了。他给你发了一封你觉得不恰当且令人沮丧的充满敌意的邮件。你理解他为什么生气，甚至愿意为自己犯的错误承担责任，但你认为他不应该那样回应。你立即回复了一封邮件，写道："我不欣赏你对此事的反应。你对我一贯的敌意是不公平和不专业的。"

这样的回应可能看起来完全合理，甚至是准确的。同事所回应的这种敌意可能确实过于频繁、不公平和不专业。这种有问题的行为模式可能真的存在，这在某个时候可以探讨，但即便如此，在当下提出来可能并没有成效。原因有如下两点。第一，我们在第十章讨论过的那种自我防御更可能在人们感到受到攻击时出现。一旦对话变成关于对方人格有什么问题而不是对方做了什么，你就应该预料到对方会自我防御，而这种防御会让其更难清晰地思考，从而难以进行有效对话。第二，将问题延伸至人格特征的问题在于，你无意中放过了对方。我们可以看下，在这个有敌意邮件的假设例子中，下面两个句子哪一个对方更容易反驳？

"你写的话很有敌意，不专业。"

"你很有敌意，不专业。"

第一句对他人来说要难反驳得多,对吧?它迫使对方审视自己做的那件单一的事情——他写的那封邮件——并证明它是否不专业或过于充满敌意。他必须为那个特定的行为辩护。他可能会试图回应说:"你竟敢说我不专业?"对此你可以回答说:"我没有。我是说这封邮件的表述不专业。"

关于愤怒的事实 | 过度概括会为愤怒升级打开大门,并导致消极的影响。[69]

如果你将讨论延伸至关于对方这个人是什么样的人,断言对方很有敌意、很不专业,那么对方就可以轻松举出例子来反驳。记住,正如我们在第一章学到的,人的行为在不同情境中并不一致,所以他们有许多的未充满敌意的例子可以用来证明自己是个友善、专业的人。他可能很容易指出他没有对你有敌意或自己很专业的例子,来作为你所谓"一贯敌意"的反例。

但如果某人确实存在某种行为模式呢

与此同时,你可能想要指出他人的某些行为模式。在上面的例子中,也许那个人确实经常——不是一贯,但经常——通过电子邮件表现得很有敌意、很不专业,而你不想忽视这个问题。也许你互动的对象确实有性格缺陷(可能是他们易怒），而你想解决这个问题。如果和他人谈论这种模式没有效果，你又该如何处理呢？这里提供两种方法。

解决单一问题是个开始

第一种方法是，简单地指出单一问题可以为他人提供反馈意见，帮助他人了解自己的行为模式。几年前在工作中，一位朋友兼同事就一个有争议的问题给我发了一封电子邮件。为了解决这个问题，我将那封邮件（抄送我的朋友）转发给了另一位管理员。事情结束后，我的朋友给我写信说，我未经她允许就转发她的邮件，让她很不高兴。她没有说"你总是这样"或称我"麻木不仁""粗心大意"。她只是表达了对我做了那件事感到不悦。

我提这件事有两个原因。第一，我感觉很糟糕，我并不是有意让她不高兴。坦白说，我完全没意识到转发这封邮件会让她困扰。她不希望别人看到那封邮件，而我没有意识到这一点。我不认为自己是个粗心大意的人，但那确实是个粗心的错误。第二，这迫使我思考这对我来说是否是一个更广泛意义上的问题。我是否对其他没有提出这个问题的人也做过同样的事？我是否经常如此粗心大意？我不确定这些问题的答案，但我确实知道，现在我比过去更加注意这件事了。我的朋友让我知道我那次让她不高兴了，这将促使我的行为模式发生大的改变。

> **小贴士** 专注于具体的事情而不是泛泛而谈,可以帮助他人听到他们该关心的。这就不会令人感觉像是一种攻击。

在不那么情绪化的时候提前做好计划

第二种方法是,等到你不再处于情绪激动时再与他人讨论。正如你所知,当人们愤怒时,他们并不总是能清晰理性地思考。利用这个时机与他们讨论困扰你的人格特点可能不会有成效。这会导致他人进行自我防御,在他们看来,这像是你在转移矛盾,而不是承担责任。

进行艰难对话

让我们想象一下,你想与那位愤怒的同事谈谈,不仅是这封邮件的事,还有他在工作中的愤怒情绪以及对你有敌意的更广泛的问题。以下是你可以采取的五个步骤,它们可以使这次谈话更有意义。

评估谈论的价值以及明确你想实现的目标

首先要做的是评估你是否真的有必要与他人讨论这个问题。例如,给他人反馈这件事是否应该由你来做,还是应该由其他人来做？这个问题的产生真的是关于他们，还是实际上是关于你自己（也许提出这个问题是因为你过于敏感，或者比其他人更不能接受冲突）？你可能会得出结论：是的，这是一个值得讨论的问题，但在进行对话之前，你应该努力弄清楚这是否是一次恰当的对话。你还应该考虑直接对话是否是实现目标的最佳方式。你可能会认为这个人不太可能通过这样的对话改变，那么你可能需要使用另一种方法。

> **小贴士** 在与他人进行艰难对话之前，花点儿时间明确目标。你心目中的成功对话是什么样的？是否可以实现？

提前计划，安排好时间

你应该思考谈话的时间并提前做好计划。你可能想安排一个更正式的会面，那你需要提前让对方知道你有重要的事情要与其讨论，并确保你拥有足够的时间。提前告知他人你的安排将有助于传达情况的严重性，并有助于确保你有足够的时间表达你想表达的内容。与此相关的是，你要仔细考虑你想说什么以及如何说。你想要传达的重点是什么？例如，在上面关于充满敌意邮件的例子中，也许你想说的是，你承认你犯了一个错误，并且你能理解他人对你表达愤怒情绪，但他表达愤怒的方式伤害了你。也许你想告诉他，指出你的错误没问题，但你希望他在这样做时更加委婉，并体谅你的感受。提前计划好你认为需要传达的重点，将有助于你清楚地表达你想要表达的内容。

优先考虑维持健康的人际关系

当你们见面时，要关注他人的情绪，并把关注人际关系的健康程度放在心上。正如我们在全书中所讨论的，目标不一定是赢得争论或指出对方错待了你，而是要让对方改变行为——具体说就是改变对你的态度。这个目标在这次讨论中可能不会实现，但如果你在见面时不尊重他人的感受，那么实现目标的可能性就更小了。尽你所能做到不得罪人、善良，注意你表达事情的方式（"你总是那么敌对"给人的感觉与"我发现你给我的许多邮件都充满敌意"完全不同）。

要愿意接受反馈

在第一章，我们讨论了人们如何在无意中唤起他人的特定类型反应。我们可能在无意中做了一些事情，实际上促使他人变得充满敌意。我并不是在暗示别人对我们的负面对待是正当的，或者我们活该受到虐待——绝非如此。我的意思是，我们应该试着接受关于我们在这些互动中扮演的角色的反馈。产生分歧很少是一方的错。在进行这个艰难的对话时，我们也应该试着思考自己今后需要如何调整。你应该注意倾听对方，认真考虑他们的反馈。

给对方时间

最后一个步骤，即一定要给他人空间和时间来思考和反思你对他的要求。在任何有争议的对话中，你都不太可能在会面期间找到解决方案。谈话过程可能会使感情破裂、新的分歧出现，甚至令人更加愤怒。尽你所能耐心地处理感受和分歧，要明白即使对方同意努力改变，改变的发生也需要时间。

方法不会总是有效

在很多方面，这些方法都假设与你互动的对象情绪足够稳定，假设此人想进行有效对话，并与你有相似的目标，并且即便在情绪激动的情况下也有一定的情绪管理能力。这样的人确实存在。即使是容易生气的人，也有能力进行这种以目标为导向的有效对话。但是，我们的生活中也有一些愤怒的人，无论我们如何深思熟虑或提前计划，都无法有效地与其对话。有时我们必须承认，我们只是对话的一方，要知道何时放手，何时退出。我们在下一章会谈到这一点。

第十四章
策略九：懂得适时抽身

> **将身体安全放在首位**
>
> 请记住，学习如何与易怒的人相处不是容忍身体和情感虐待。如果你认为自己处于危险之中，请务必让自己远离危险环境。

难以思考、表达或付诸行动

我想在本章开头先说明以下几点：这是迄今为止最难写的一章。决定是否从一段有毒的关系中抽身是一件非常重大的事情，光是考虑何时或如何做到这一点就让人觉得难以承受。除此之外，这个问题还有很多细微差别，所以我写的每一个字都显得不完整。我一直在问自己："但是在那几种情况下呢？"或者"如果对方不是那样的话，这也许可行"。最重要的是，我找不到太多资料来支持我写这一章。大部分现有的研究都是关于情感上或身体上的虐待关系，通常是与伴侣之间。这些研究虽然相关，但与我试图涵盖的内容并不完全相同。我试图帮助人们弄清楚，当他们与一个易怒的人——任何一种关系（如朋友、同事、兄弟姐妹、父母、配偶）——相处，而这种关系正在对他们的生活产生负面影响且无法改善时该怎么办。你如何知道何时该结束这段关系？结束这段关系意味着什么？你该如何做到？

但随后我想到了一些事情，这有助于思考如何从有毒的关系中抽身。我在写这一章时遇到的挣扎感受，可能反映了我们所有人在放弃有毒关系时面临的挣扎。当我试图厘清思路时所发现的细微差别，正是这一挑战的一部分。这个决定有多重要，以及做出这个决定可能带来的所有后果，都使得向前推进变得困难。缺乏相关资料可能是因为这个话题很难去思考、表达或采取行动。

然而，人们每天都在为此而挣扎，他们告诉我他们需要帮助。他们不知道该怎么办。他们的生活中有一个易怒的人让他们的生活变得困难，而他们不知道该如何应对。好消息是（回到本书开头，我们讨论过易怒的人与生气的人），我们可以用两种方式来思考这个话题。一种是从一次性事件中脱离一个易怒的人，另一种是从一段与易怒的人的长期关系中脱离。我们可以运用在第一种情况中遵守的原则来对第二种情况进行指导。

两个例子

让我们从两个以非常不同的方式脱离易怒者的人的例子展开。你会发现，根据关系的具体情况和性质，断开联系的方式可能会有很大的不同。

亚历克斯的案例

以亚历克斯为例，她与我分享了一个关于她与从小到大最好的朋友的故事。我们交谈时，亚历克斯已经快 30 岁了，她告诉我，她和她最好的朋友已经认识差不多 15 年了。她们从初中到高中一直很亲密，但她承认，她的朋友很易怒，这让她感到害怕和精疲力竭。她形容她的朋友很容易被日常的烦恼激怒，比如排长队或事情不能正常进行时。她告诉我，当她的朋友生气时，会大喊大叫、谩骂他人，甚至砸东西。

亚历克斯通常不是朋友表达愤怒的目标，但有时朋友也会冲着她来，这让她感到难过和自卑。她们上了不同的大学，但一直保持联系，而且仍然住在一个城市。她告诉我，在某个时候，她觉得自己必须与朋友断绝联系，因为相聚实在太累人了。多年来，她朋友的易怒问题越来越严重，她开始感到不知所措。她试图与她朋友谈论这个问题,但她的朋友根本不认为这是个问题,也不关心这对亚历克斯的影响。

最终,亚历克斯决定不再与她来往。这对她来说很难,因为她们还有一些共同的朋友,但这不是主要的挑战。真正的问题是她自己产生的内疚感。她告诉我,尽管她知道自己做出了正确的选择,但她还是为此感到内疚。亚历克斯没有马上和她的朋友表达自己的想法。起初,她只是减少了与她在一起的时间。她不再经常和她一起出去玩,对短信的回复也不那么积极了。后来,她不再主动联系朋友。不过,最终她的朋友还是问她是不是出了什么问题,所以亚历克斯告诉了她自己的感受。不出所料,她的朋友生气了,亚历克斯感到内疚,但她坚持了下来。她们还是时不时地发短信,但最后停止了,她们就这样渐行渐远。

查理的案例

与此同时,另一个我采访过的人选择了一种非常不同的方式来疏远他生活中易怒的人。对于查理来说,那个易怒的人和他的生活纠缠得更深。那是他的爸爸。这种情况与我在本书前面描述的一些案例非常相似。查理的爸爸很容易生气,并且生气时会说一些刻薄的话。他从未有过身体上的攻击性行为,但他充满敌意,让查理感到不舒服。我们交谈时,查理已经40多岁,他爸爸已经70多岁。大约5年前,查理决定减少与爸爸的接触。其中一个主要因素是查理有年幼的孩子，他不希望孩子们看到和经历他所看到和经历过的那些事情。查理没有理由相信他爸爸能够或愿意改变，所以他决定尽量减少与他在一起的时间，并尽量让孩子们远离他。

不过，查理并不想完全断绝所有联系。他承认他爸爸已经走到了生命的最后阶段，他担心自己可能会因完全切断联系而感到后悔。他一直在想，如果爸爸去世了，他没有机会说再见，自己将会有什么感受。后来，他与妈妈讨论了这个问题，分享了他的担忧，并告诉她，他打算限制家人与爸爸的接触。他向母亲解释说，他不希望这影响到他与母亲的关系，但也明白这会让事情变得更复杂。

他的做法其实就是减少与父亲在一起的时间，除了特殊场合，他会让孩子们远离他的父亲。即使在必须在一起的场合，他也不会让孩子们久留。他仍然会与母亲共度时光，但他通常会在父亲不在的时候回家。他们偶尔通电话，也常发电子邮件，但大部分都是为了避免他和孩子们在父亲发脾气时在场。总的来说，查理很高兴自己做了这个改变，尽管这在逻辑上让事情变得更复杂。他还告诉我，这让他与父亲在一起的有限时间变得更加愉快，因为他没有那么焦虑了。他曾经担心父亲的脾气，但现在他觉得自己已经采取了一些措施来避免问题出现。

与对我们不利的人划清界限

有趣的是，从理论上说，与生活中有毒的人断绝关系很容易。与我讨论这个问题的人总是跟我说，应该与那些对我们不利的人划清界限。人们感觉处理这一情况没有任何困难。但问题在于，当真正要把某人从生活中剔除时，问题就来了。这时候，细微差别、实际障碍和情绪反应都进入了视野。这时人们告诉我，他们不知道何时或如何去做。有时，他们直截了当地告诉我，他们无法切断联系，因为易怒的人已经深深地融入了他们的生活或形成了强关联（同事、老板、家庭成员等）。

何时抽身

关于我们应该在何时抽身，没有明确的答案。当我们谈论与陌生人产生的一次性互动时，比谈论长期关系要容易得多。在这种与易怒者发生的单一互动事件中，我建议一旦发生以下三种情况之一就立即抽身：①你不再感到安全；②与这个人互动对你没有好处；③你意识到解决问题可能性不大或根本不可能。如果你担心自己的安全，那你应该立即抽身并确保自身安全。如果你认为互动不再有效，那你应该找到一种方式结束它。

我认为这三条准则也可以应用于长期关系。当你感到不安全，这段关系对你不再有益，或者你意识到它可能永远不会改善时，就是抽身的时候了。不过，我们应该先承认，这里的具体细节显然取决于与愤怒的人的关系背景。正如我在书中多次提到的，愤怒的人可能会以一种让人难以摆脱的方式与我们的生活纠缠在一起。如何选择与一个易怒的老板相处，和如何选择与一个易怒的配偶或父母相处是不同的。结束与亲密好友友谊的决定可能与结束与最近认识人的关系的决定也大不相同。这里有很多因素需要考虑。与大多数的一次性互动不同，抽身可能会带来更深远的后果，你必须考虑在内。

值得注意的是，抽身并不一定意味着切断所有的联系。它可以有很多不同的表现形式。可以完全抽身，不再成为他人生活的一部分，也可以减少在一起的时间，减少互动频率，甚至将这些互动限制在特定的沟通方式或特定的场合。无论如何，让我们来看看你在决定与易怒者建立关系时需要考虑的一些事情。

他们在情感或身体上有虐待行为

不可否认，一个人愤怒可能导致身体或情感虐待。但大多数情况下后果不会如此严重。愤怒是一种极其常见的情绪——大多数人会经历每周几次到每天几次等不同频率的愤怒——许多人不能够以有效甚至有用的方式处理自己的愤怒。[70]也就是说，正如我们所讨论的，这种情绪本身就包含了攻击的欲望。长期愤怒的人有时会遵循欲望行事，与他们一起生活的人可能会遭受身体和情感上的虐待。

身体虐待涉及各种形式的身体攻击，包括打人、扇耳光、踢人、拽头发、咬人，或各种其他造成你身体伤害的方式（比如伤害你爱的人、伤害你的宠物、不允许你服药）。愤怒（以及其他情绪，比如嫉妒甚至恐惧）显然与此有关，但虐待也可能受到其他各种因素的驱使，如对他人的控制欲。虐待他人的原因通常不局限于愤怒情绪。

情感虐待也是如此，包括经常批评或侮辱他人，不让其与朋友或亲人在一起，"煤气灯操纵"，想方设法羞辱你，或试图控制你做什么、穿什么、与谁在一起等。这种行为模式，同样有更多的动机。

结束或离开一段虐待关系超出了本书的范围。那些试图离开这种关系的人面临着各种障碍。对于所有遭受虐待的人，我都建议寻求专业人士的帮助。

> **小贴士** 如果你认为自己可能处于一段情感或身体虐待的关系，请联系专业人士寻求帮助。

第十四章　策略九：懂得适时抽身

与他们在一起让人感到筋疲力尽

我与许多人讨论过与一个易怒的人相处的感受，他们通常告诉我，这让他们感到心里害怕和情绪上的疲惫。他们通常（但不总是）谈论的是一种特定类型的易怒者——那些倾向于通过大喊大叫或摔东西来外化愤怒或具有攻击性地表达愤怒的人。他们自己不一定感觉受到威胁，并且不一定害怕那个人会伤害他们。他们害怕那个人会伤害别人，让他们难堪，或者只是被一阵愤怒吓一跳。

因为别人的愤怒让他们感到害怕，所以他们发现自己在积极地努力防止那个人生气。他们花了所有情绪能量来阻止那个人爆发，但最终觉得自己无法做自己，因为他们在努力管理对方的情绪。这种努力是令人筋疲力尽的。人们用"如履薄冰"来形容他们所经历的普遍不适感和不确定感。他们管理自己的情绪，不是为了让自己感觉良好，而是为了保护他人的感受。他们为别人的感受负责，最终他们将别人的感受置于自己的感受之上。

如果你和一个易怒的人相处到这种程度，让你感到如此疲惫，那你可能需要考虑这段关系是否值得以目前的方式维持下去。你可能有办法来管理这些感受，但如果你已经尝试了各种方法，包括到目前为止我提出的建议，你可能需要退一步，看看感觉如何。在那些已经向对方表达了担忧，但对方并不认真对待或不愿意改变的关系中，尤其如此。

如何抽身而出

从理论上讲，从一段不健康的关系中抽身是简单而直接的。你可以直接告诉他们你想断绝联系，你可以慢慢地与他们疏远，甚至可以完全切断联系而不做任何解释。但在实践中，这种脱身之法存在许多障碍。对于一些人来说，这些障碍关乎这个人如何融入他们生活的实际方面（比如父母、兄弟姐妹、同事），但对于其他人来说，障碍可能更加个人化。有些人可能会对结束这段关系感到内疚，而另一些人可能处于这样一种情况，即这段关系在他们的生活中起着重要的情感联结作用，结束这段关系会导致空虚，尤其是在刚开始的时候。

找出障碍是什么

结束一段有毒关系的第一步是找出到目前为止是什么阻止了你结束关系。有些人会说是缺乏意识，他们以前没有意识到这段关系对他们不利，但现在意识到了。而对于其他人来说，障碍是他们认为结束关系会带来负面情绪。他们对切断联系感到内疚，害怕面对对方的反应，甚至为关系的结束感到悲伤。还有一些人发现离开存在一些实际的障碍。他们可能与那个人住在一起，或者与那个人有共同的朋友，这使得切断联系更具挑战性。最后，有些人发现结束关系带来的冲突让他们不舒服。对他们来说，维持关系感觉更容易。无论障碍是什么，重要的是要识别它，这样你就可以克服它，并找到解决办法。

关于愤怒的事实	大约五分之一的女性和七分之一的男性在一生中曾遭受过亲密伴侣严重的身体暴力。[71]

找到解决这些障碍的方法

一旦你确定了这些障碍，就可以采取措施解决它们。如果是内疚或悲伤的感觉阻碍了你，那就努力探究这些感觉的根源，以及你能做些什么。如有必要，可以考虑寻求专业治疗师的帮助。如果障碍更多是实际问题，就开始研究一些解决方案。你可能需要考虑一些相对重大的生活变化来解决这些实际问题（如果易怒的人是你的室友，那你可能需要找一个新的住处。如果易怒的人是兄弟姐妹，那你可能需要考虑今后如何参加家庭聚会）。

要知道这不必是非黑即白

摆脱一段不健康的关系，并不一定意味着把一个人从你的生活中完全剔除。这并不一定意味着你再也不见这个人，可能只是极大地减少与他们的接触。你可能不会说"我与这个人翻脸了"，然后再也不见他们，而只是有意识地决定减少与他们在一起的时间或减少与他们互动的频率。

这一点很重要，因为根据这个人在你生活中所扮演的角色，完全与一个易怒的人脱离的想法可能会令人害怕，甚至不切实际。你可以根据这些互动对你造成的伤害程度，以及考虑到这个人在你生活中所扮演的角色，你在实际情况下能够掌控的程度，来决定你将与那个人进行何种程度的互动。

> **小贴士** 注意你可能感到的内疚情绪的根源。它是源于真实合理的期望，还是你对自己的期望过高？

要准备好应对内疚感

结束一段不健康的关系最难的部分是随之而来的内疚感。这种内疚感是正常的，甚至是健康的，它并不一定意味着你做错了什么。内疚是一种情绪，就像任何情绪一样，它在你的生活中起着重要的作用。你之所以感到内疚，是因为你的大脑告诉你，你可能给对方造成了伤害，然后内疚感会促使你去弥补那个错误。它会促使你在实际做错了的情况下，修复你可能造成的损害。

但就像愤怒（或其他有问题的情绪）一样，它并不总是基于一种情况。就像那些对他人的不合理的期望可能导致愤怒一样，不合理的自我期望也可能导致内疚（我应该把他人的需求放在我自己的需求之前）。这种内疚感很有可能正是阻止你离开这段关系的原因之一。要意识到这一点并为此做好准备。如果你发现自己感到内疚，试着评估这种内疚是源于你忽视了真正的责任，还是源于你对自己的不合理期望。

内疚感也有可能并非来自你的期望，而是来自对方强加给你的期望。对方一贯传递的信息是，你应该支持他，而你已经内化了这种期望。你的内疚感是他人对你情绪管理的不合理期望的结果。

> **小贴士** 分辨你是否遭遇"煤气灯效应"很难，因为这是一种复杂的操纵策略。如果你对此有疑虑，那么你应该向专业人士寻求帮助。

需要练习和恰当的技巧

我到目前为止为你描述的九个策略（包括当前这个）都不会自然而然地发生。在大多数情况下，你不能指望只做一件事就解决所有的问题。我们与易怒的人的互动在情感上和社交上都很复杂。驾驭它们意味着以细致入微的方式将各种策略结合在一起。这意味着你需要在思考目标时保持冷静，反思对方的愤怒情绪和你对此做出的反应，如何与不愿意与你打交道的人相处等。与易怒的人和谐相处需要练习和使用恰当的技巧。最重要的是，实现这些需要有以健康和积极的方式解决这些情况的意愿。在下一章中，我们将讨论如何培养这种意愿并实施相应的策略。

第十五章
策略十：整合所有策略巧妙运用

培养一种身份认同

我想在此回顾一下前文谈到的一些事情。应对易怒的人不仅需要掌握一些实用的工具，也不仅需要知道如何使用这些工具。它关乎着塑造一种身份，成为一个想要以积极有效的方式与易怒的人互动的人。当你与易怒之人互动时，要记住在脑海中明确良好、健康、清晰的目标。即使对方生气了，我们也要努力坚持实现这些目标。

并非每个人都是这样做的。事实上，我估计大多数人在与易怒的人互动时并不以这种方式行事。他们可能会抱着一些不太明确的目的，比如报复或证明自己是对的。他们没有从对方的角度考虑情况，不会努力达成解决方案，也没有思考影响对方愤怒的一些不太明显的因素（包括他们自己给这次互动带来了什么影响）。

为了克服这一切，你需要审视自己的世界观，探索你看待世界的新视角。在第五章中，我们谈到了长期愤怒的人的典型视角：他们对他人有不合理的高期望或不公平的期望，倾向于二分法的思考方式，用非黑即白的方式看待世界，或者倾向于将发生在自己身上的不好的事情灾难化。然而，在那个讨论中遗漏的是，你同样拥有影响你如何看待周围情况的视角和世界观。

你也有一套自己的视角，会影响你与他人互动的方式。事实上，你可能拥有与你互动的人非常相似的世界观。你可能对他们也有同样不合理的高期望，让你觉得他们"不应该"生气。你可能倾向于过度概括，无法完全区分他们的感受和行为。你可能有灾难化的倾向，让他们的愤怒情绪对你的影响更大。促使他们愤怒的思维模式，也可能影响你对他们愤怒的反应。

然而，还有一些其他的视角驱动着这些互动。例如，如果你倾向于做事以自我为导向，那你可能承担了太多接纳他人感受的责任。你可能发现自己在想"我需要帮助他们冷静下来"或"如果我那样做，他们会生我的气"。显然，考虑他人的感受并没有错，但当它对你来说过于耗费精力时，就得不偿失了。同时，"个人化"可能意味着你以一种并非他人本意的方式，把他人的愤怒归咎于自己。你把他人的愤怒看作你犯了错误的反应，而这些错误你并不一定犯过。你发现自己在想："他们生气是因为我又搞砸了"，然后对自己感到沮丧。

这实际上意味着，要想与愤怒的人有效合作，你需要做一定的工作来了解自己的想法、感受和行为，特别是与他人有关的部分。他们的感受和表达愤怒的方式，在一定程度上受你与他们互动方式的影响。而你与他们互动的方式，则在一定程度上受你的身份认同和世界观的影响。你是否把自己看作一个在情绪波动时刻也能做出有效选择的冷静的人？你是否想在这些情况下顾全大局，并努力做到这一点？你是否意识到自己在哪里、什么时候为他人的感受承担了太多的责任？在这些情况下，拥有这样的视角并了解自己很重要，这样才能成功地应对各种愤怒场景。

重温五个注意事项

在本书开始时，我介绍了在应对易怒的人时需要考虑的五个注意事项，希望你能始终记住：

（1）愤怒有时是合理的。
（2）愤怒既可以是一种状态，也可以是一种特质。
（3）当别人对你生气时，你可能也会情绪化。
（4）愤怒的人不一定是怪物。
（5）愤怒的人有时是有毒且危险的。

我想再次提及这五点，是因为应对易怒的人在很大程度上就要遵循这五点。我在本书第二部分描述的策略确实需要你考虑到每一个注意事项。例如，你之所以需要分析一个人的愤怒情况，是因为它将帮助你明确他们的愤怒是否合理（即使他们对你的态度不合理）。你需要找到保持冷静的方法，因为在与易怒的人打交道时，你可能也会情绪化。即使愤怒的人不一定是"坏人"（尽管有时他们是），我们也需要与他们保持距离，因为他们对我们的情绪健康不利。

综合运用策略

让我们通过一些例子来看看如何在工作和家庭中整合使用这些策略，看看它们是如何起作用的。

工作中导致愤怒的场景

想象你在工作中收到一位同事发来的电子邮件，内容是："嘿，你在这件事上真是马虎。我真的很不高兴，稍后想跟你谈谈。"你有一个同事认为你把事情搞砸了，并且显然对你很生气。

正如我们在第十二章中讨论的那样，涉及电子邮件或其他形式的线上表达愤怒的情况，你可以提前做准备。因为你提前收到了一封电子邮件，所以在实际对话之前你有时间

第十五章 策略十：整合所有策略巧妙运用

优势。当你收到邮件并阅读它时，你很可能开始产生自己的情绪反应，这其中可能包括一些焦虑、内疚或愤怒。在那一刻，重要的是让自己暂停一下，做几件事情。

第一，从同事的角度分析情况，思考他的愤怒情绪是否合理。问问自己，在这种情况下你是否真的犯了错误，还是对方误解了你。同样重要的是，要明确可能导致他愤怒的所有因素。最近他是否承受了很大的工作压力，从而加剧了他对此事的反应？他是否误解了实际发生的事情，以至于加剧了他的愤怒？他是否夸大了你错误的影响？他的愤怒情绪是否受周围的人影响而加剧？他对你或此事涉及的其他人的原有看法是否影响了他当下的感受？利用一些时间来洞察大局，以更好地理解他人的愤怒情绪从何而来。

第二，保持冷静，思考你的目标。在这种情况下，同事对你感到愤怒，特别是在可能对你产生非常负面影响的工作环境中，很可能引发你的强烈情绪。试着使用深呼吸、放松等策略，在那一刻保持冷静。花点儿时间提醒自己"我能处理这个情况"会让你在考虑目标时感到鼓舞。你需要决定这种情况下最重要的目标是什么。这个决定可能源于你已经做过的情况分析。如果你确定你真的犯了错误，那你的目标可能是解决并努力纠正它。但如果你认为这不是你的错误，或者认为这是对方的过度反应，那你可能需要解决的就是对方的问题。

第三，你需要决定在这种情况下实现这一目标的最佳方式，避免做那些与目标背道而驰的事情。这在理论上听起来很容易，但在实践中却很有挑战性，因为我们自己的情绪经常会受到干扰。我们感到焦虑、愤怒或开始自我防御，然后做一些与我们实际想要实现的目标相悖的事情。在这种情况下，我们可能想为自己辩护，试图将错误归咎于其他人，甚至被动攻击对方的人格来回应对方"你上个月也耽误了一个项目的进度"。不管这是不是事实，这些做法可能只会妨碍你解决目标。相反，你应该努力找出解决具体问题的办法，并开始朝这个方向努力。

家庭中导致愤怒的场景

当然，现在我们已经知道，生活中易怒的人会以各种方式出现。我们并不总是在处理像上面那样的一次性事件。我们当然需要成功地处理一次性事件，但其他类型的易怒的人带来的问题则不同。我们生活中遇到的人可能有更深层次或更普遍的问题。正如我们在第一章中讨论的那样，有些人拥有易怒的人格，他们经常生气，并且以各种方式（通常是外在的）表达出来，常常让你感到不知所措、焦虑或更糟。

例如，想象你有一个易怒的父亲。[1] 就像第一章案例研

---

[1] 我采访过的许多人告诉我，他们生活中易怒的人是他们父母中的一方或双方。他们也与我分享了，由于情感和现实原因，他们很难脱离那段关系。

第十五章 策略十：整合所有策略巧妙运用

究中的伊兹一样，她的父亲在生气时似乎变成了另一个人。大部分时间他很慈爱、支持你、对你很好，但一生气就会变得咄咄逼人和残酷无情。和伊兹一样，你难以结束关系。毕竟他是你的父亲，你与他有着深厚的情感和联结。即使你真的想结束这段关系，这样做在实践中也可能因为你与那个人的其他联系（兄弟姐妹、另一位家长、孩子）而在实际操作过程中具有挑战性。

你可以调整与那个人互动的方式。多久见一次面、在哪里见面、谈论什么话题、和谁在一起——这些都是你可以在一定程度上控制的因素。如果你发现自己需要花时间与一个长期易怒的人在一起，比如在即将到来的家庭聚会上，那么在聚会前和聚会期间，请花点儿时间做以下事情。

花点儿时间思考你的目标，并围绕这些目标做计划。你希望在即将到来的家庭聚会上实现什么目标？你只是想不吵架就挺过去吗？你想避开那个话题，但又不想感觉牺牲了自己的感受吗？你想与那个人进行一次艰难但重要的对话吗？你想完全避开他吗？仔细考虑你可能想要达成的不同目标，并制订一些计划来实现它们。如果你真的只想避免争吵，这是相对容易的，但既避免争吵又不牺牲自己的感受就困难得多。通过提前决定自己想要什么，你可以更好地弄清楚如何实现目标，并在当下有意识地思考你需要做什么。

无论是父母还是与其他和你有长期关系的人，这样做都会给你们的关系带来一系列复杂而微妙的变化。当你与某人有过往经历时，评估不仅包括对特定时刻的评估，还包括对你们复杂历史的评估。如果一个陌生人在街上对我生气，我的反应主要基于眼前的信息。但如果一个长期认识的人对我生气，我对此的反应将基于我认为他们是什么样的人，我们之前的互动方式，我想与他们建立什么样的关系等。当你分析愤怒事件时，请思考这些复杂的动态信息，并思考它们可能如何影响你的评估。

与此相关的是，在第八章中我们讨论了愤怒可能有很多不同的表现方式。不是每个人都会像人们想的那样大喊大叫、咒骂或以外在方式表达愤怒。有的人可能会哭泣、生闷气、与你疏远或以其他方式表达。这不仅适用于愤怒情绪，也适用于其他情绪。在情绪表达方面，人们并不总是以你期望的方式行事。这意味着你认为是愤怒的情绪实际上可能是别的情绪，比如伤害、悲伤、内疚、嫉妒。更有可能的是，愤怒情绪实际上是许多不同感受的混合。情绪不会在真空中发生。人们可以同时感受很多不同的情绪。同样，当你在分析这种愤怒情绪时，一定要考虑不同的情绪表现方式。

最后，当父母（或与我们有长期关系的任何人）对我们生气时，有意或无意的人身攻击很容易发生，这很常见。你与他们的长期关系本质上意味着，当涉及侮辱或过度概括时，你有很多信息可以利用。你可以很容易从他们的过去找

第十五章 策略十：整合所有策略巧妙运用

到证据来反驳他们。基于我们在第十三章中讨论的所有原因，避免用历史证据攻击很重要。它们通常是没有成效的，当然，它们也有可能对关系造成长期或永久性的损害。相反，试着把重点放在你一开始概述的目标上。

最后的想法

在写本书的时候，有一件事我考虑了很久。第一章关于愤怒人格的内容很重要，特别是当我思考人格的真正内涵时。作为父母、教师以及其他任何可能受人仰慕的角色，我试图记住这个理论。归根结底，一个人的性格实际上体现在他做出的选择上。他在特定时刻的想法远没有他在那一刻的行为重要。

如果孩子们没有看到我在日常互动中践行这些价值观，那么无论我告诉他们多少次要健康饮食、锻炼身体或善待他人，他们都会很快意识到我并没有真正重视这些价值观。

最后补充一点，我们的性格实际上是由我们在日常生活中做出的微小决定组成的。如今的我们就是我们的选择所造就的。[1] 这一点很重要，因为成功应对愤怒的人通常意味着

---

[1] 这并不意味着我们不能偶尔放松一下，或者做出一些与我们的价值观不一致的决定。我虽然重视健康饮食，但仍然不时享受冰激凌。同样，我虽然重视做善良的人和关心他人，但有时也很难做到完美或偶尔也会优先考虑自己的感受。

要把这作为性格的一部分。正如我在本章开头提到的，应对易怒的人不仅需要拥有一套工具，还需要使用它们。这决定你是否能成为一个成功管理他人愤怒情绪的人。这会帮你认识到，当你在应对易怒的人时，你不是在试图得分或赢得争论，而是在努力以积极的目标走出这种互动。一旦你决定了这一点，就要在日常生活中践行这个价值观。

参考文献

[1] How Americans value public libraries in their communities. Pew Research Center, Washington D.C. www.pewresearch.org/internet/2013/12/11/libraries-in-communities/.

[2] Burd-Sharps, S., and Bistline, K. (2022, April 4). Reports of road rage shootings are on the rise. Everytown Research and Policy. www.everytownresearch.org/reports-of-road-rage-shootings-areon-the-rise/.

[3] Meckler, L., and Strauss, V. (2021, October 26). Back to school has brought guns, fighting and acting out. *The Washington Post*. www.washingtonpost.com/education/2021/10/26/schools-violence-teachers-guns-fights/.

[4] www.mindyouranger.com/anger/anger-statistics/.

[5] www.thehotline.org.

[6] Martin, R. (2022). The Anger Project. www.alltheragescience.com.

[7] Vouloumanos, V. (2021, June 23). This psychology professor explained how to deal with people when they're angry with you, and it's something that everyone should know. www.buzzfeed.com/victoriavouloumanos/anger-researcher-explains-how-todeal-with-angry-people.

[8] Dominauskaite, J. (2021, June). 6 useful tips on how to deal with angry people, according to psychology professor on TikTok. www.boredpanda.com/how-to-deal-with-angry-people-tiktok/.

[9] Martin, R. (2022). The Anger Project. www.alltheragescience.com.

[10] Allport, F.H., and Allport, G.W. (1921). Personality traits: Their classification and measurement. *Journal of Abnormal Psychology and Social Psychology*, 16, 6–40.

[11] Allport, G.W., and Odbert, H.S. (1936). Trait-names: A psycholexical study. *Psychological Monographs*, 47(1), i–171.

[12] Allport, G.W. (1961). *Pattern and Growth in Personality.* New York: Holt, Rinehart and Winston.

[13] Buss, D.M. (1987). Selection, evocation, and manipulation. *Journal of Personality and Social Psychology*, 53, 1214–1221.

[14] Cattell, R.B. (1949). The Sixteen Personality Factor Questionnaire (16PF). Institute for Personality and Ability Testing.

[15] Costa, P.T., and McCrae, R.R. (1985). *The NEO Personality Inventory Manual.* Odessa, FL: Psychological Assessment Resources.

[16] Deffenbacher, J.L., Oetting, E.R., Thwaites, G.A., Lynch, R.S., Baker, D.A., Stark, R.S., Thacker, S., and Eiswerth-Cox, L. (1996). State-trait anger theory and the utility of the trait anger scale. *Journal of Counseling Psychology*, 43(2), 131–148.

[17] American Psychiatric Association. (2022). *Diagnostic and Statistical Manual of Mental Disorders* (5th ed. Text Revision).

[18] Gene Environment Interaction. www.genome.gov/geneticsglossary/Gene-Environment-Interaction.

[19] Ferguson, C.J. (2010). Genetic contributions to antisocial personality and behavior: A meta-analytic review from an evolutionary perspective. *Journal of Social Psychology*, 150, 160–180.

[20] Wang, X., Trivedi, R., Treiber, F., and Snieder, H. (2005). Genetic and environmental influences on anger expression, John Henryism, and stressful life events: The Georgia Cardiovascular Twin Study. *Psychosomatic Medicine*, 67(1), 16–23.

[21] Stjepanović, D., Lorenzetti, V., Yücel, M., Hawi, Z., and Bellgrove, M.A. (2013). Human amygdala volume is predicted by common DNA variation in the stathmin and serotonin transporter genes. *Translational Psychiatry*, 3, e283.

[22] Peper, J.S., Brouwer, R.M., Boomsma, D.I., Kahn, R.S., and

参考文献

Hulshoff Pol, H.E. (2007). Genetic influences on human brain structure: A review of brain imaging studies in twins. *Human Brain Mapping*, 28, 464–473.

[23] Eisenegger, C., Haushofer, J., and Fehr, E. (2011). The role of testosterone in social interactions. *Trends in Cognitive Science*, 15, 263–271.

[24] Jeffcoate, W.J., Lincoln, N.B., Selby, C., and Herbert, M. (1986). Correlation between anxiety and serum prolactin in humans. *Journal of Psychosomatic Research*, 30, 217–222.

[25] Panagiotidis, D., Clemens, B., Habel, U., Schneider, F., Schneider, I., Wagels, L., and Votinov, M. (2017). Exogenous testosterone in a non-social provocation paradigm potentiates anger but not behavioral aggression. *European Neuropsychopharmacology: The Journal of the European College of Neuropsychopharmacology*, 27, 1172–1184.

[26] Greenhill, C. (2020) Genetic analysis reveals role of testosterone levels in human disease. *National Reviews Endocrinology*, 16, 195.

[27] Magid, K., Chatterton, R.T., Ahamed, F.U., and Bentley, G.R. (2018). Childhood ecology influences salivary testosterone, pubertal age and stature of Bangladeshi UK migrant men. *Nature Ecology & Evolution*, 2, 1146–1154.

[28] Bandura, A., Ross, D., & Ross, S.A. (1961). Transmission of aggression through imitation of aggressive models. *Journal of Abnormal and Social Psychology*, 63(3), 575–582.

[29] Van Tilburg, M.A.L., Unterberg, M.L., and Vingerhoets, A.J.J.M. (2002). Crying during adolescence: The role of gender, menarche, and empathy. *British Journal of Developmental Psychology*, 20(1), 77–87.

[30] Bailey, C.A., Galicia, B.E., Salinas, K.Z., Briones, M., Hugo, S., Hunter, K., and Venta, A.C. (2020). Racial/ethnic and gender disparities in anger management therapy as a probation condition. *Law and Human Behavior*, 44(1), 88–96.

[31] Marshburn, C.K., Cochran, K.J., Flynn, E., and Levine, L.J. (2020, November). Workplace anger costs women irrespective of race. *Frontiers in Psychology*, 11.

[32] Salerno, J.M., Peter-Hagene, L.C., and Jay, A.C.V. (2019). Women and African Americans are less influential when they express anger during group decision making. *Group Processes & Intergroup Relations*, 22, 57–79.

[33] Carstensen, L.L. (1991). Selectivity theory: Social activity in lifespan context. *Annual Review of Gerontology and Geriatrics*, 11, 195–217.

[34] Martin, R.C. (2010). Contagiousness of Anger (Unpublished raw data).

[35] Martin, R. (2022). The Anger Project. www.alltheragescience.com.

[36] Dimberg, U., and Thunberg, M. (1998). Rapid facial reactions to emotional facial expressions. *Scandinavian Journal of Psychology*, 39, 39–45.

[37] Schachter, S., and Singer, J. (1962). Cognitive, social, and physiological determinants of emotional state. *Psychological Review*, 69, 379–399.

[38] Young, S.G., and Feltman, R. (2013). Red enhances the processing of facial expressions of anger. *Emotion*, 13, 380–384.

[39] Zimmerman, A.G., and Ybarra, G.J. (2016). Online aggression: The influences of anonymity and social modeling. *Psychology Of Popular Media Culture*, 5, 181–193.

[40] Stechemesser, A., Levermann, A., and Wenz, L. (2022). Temperature impacts on hate speech online: Evidence from 4 billion geolocated tweets from the USA. *The Lancet Planetary Health*, 6, 714–725.

[41] Rosenthal, L. (2003). Mob Violence: Cultural-societal sources, instigators, group processes, and participants. In: Staub, E., *The Psychology of Good and Evil: Why Children, Adults, and Groups Help and Harm Others*. Cambridge: Cambridge University Press, 377–403.

[42] www.buzzfeednews.com/article/alisonvingiano/this-is-how-awomans-

offensive-tweet-became-the-worlds-top-s.

[43] www.ted.com/talks/jon_ronson_when_online_shaming_goes_too_far/transcript.

[44] Fan R., Zhao J., Chen Y., and Xu K. (2014). Anger is more influential than joy: Sentiment correlation in Weibo. *PLoS ONE*, 9, e110184.

[45] www.ucl.ac.uk/pals/news/2017/nov/audience-members-heartsbeat-together-theatre.

[46] Schudel, M. (2021, November 3). Aaron Beck, psychiatrist who developed cognitive therapy, dies at 100. *The Washington Post*.

[47] Beck, A.T. (1999). *Prisoners of Hate: The cognitive basis of anger, hostility, and violence*. New York: Harper Collins.

[48] Martin, R.C., and Dahlen, E.R. (2007). The Angry Cognitions Scale: A new inventory for assessing cognitions in anger. *Journal of Rational-Emotive and Cognitive Behavior Therapy*, 25, 155–173.

[49] Martin, R.C., and Vieaux, L.E. (2013). Angry thoughts and daily emotion logs: Validity of the Angry Cognitions Scale. *Journal of Rational-Emotive and Cognitive Behavior Therapy*, 29, 65–76.

[50] de Quervain, D.J., Fischbacher, U., Treyer, V., Schellhammer, M., Schnyder, U., Buck, A., and Fehr, E. (2004). The neural basis of altruistic punishment. *Science*, 305, 1254–1258.

[51] Carlsmith, K.M., Wilson, T D., and Gilbert, D.T. (2008). The paradoxical consequences of revenge. *Journal of Personality and Social Psychology*, 95, 1316–1324.

[52] Martin, R. (2022). The Anger Project. www.alltheragescience.com.

[53] Zillmann, D., Katcher, A.H., and Milavsky, B. (1972). Excitation transfer from physical exercise to subsequent aggressive behavior. *Journal of Experimental Social Psychology*, 8, 247–259.

[54] Martin, R. (2022). The Anger Project. www.alltheragescience.com.

[55] Spielberger, C.D. (1999). *State-Trait Anger Expression Inventory-2*. Odessa, FL: Psychological Assessment Resources.

[56] Lazarus, C.N. (2012). Think sarcasm is funny? Think again. *Psychology Today Blog. Think Well.* www.psychologytoday.com/us/blog/think-well/201206/think-sarcasm-is-funny-think-again.

[57] Balsters, M.J.H., Krahmer, E.J., Swerts, M.G.J., and Vingerhoets, A.J.J.M. (2013). Emotional tears facilitate the recognition of sadness and the perceived need for social support. *Evolutionary Psychology*, 11.

[58] Fabes, R.A., Eisenberg, N., Nyman, M., and Micheailieu, Q. (1991). Young children's appraisals of others' spontaneous emotional reactions. *Developmental Psychology*, 27, 858–866.

[59] Deffenbacher, J.L. (1996). Cognitive-behavioral approaches to anger reduction. In: Dobson, K.S., and Craig, K.D. (Eds.), *Advances in cognitive-behavioral therapy*. Thousand Oaks, CA: Sage, 31–62.

[60] Adelman, L. and Dasgupta, N. (2019). Effect of threat and social identity on reactions to ingroup criticism: Defensiveness, openness, and a remedy. *Personality and Social Psychology Bulletin*, 45, 740–753.

[61] Martin, R. (2022). The Anger Project. www.alltheragescience.com.

[62] Fan R., Zhao J., Chen Y., and Xu K. (2014). Anger is more influential than joy: Sentiment correlation in Weibo. *PLoS ONE*, 9, e110184.

[63] Berger, J., and Milkman, K.L. (2012). What makes online content viral? *Journal of Marketing Research*, 49(2), 192–205.

[64] Radesky, J.S., Kistin, C.J., Zuckerman, B., Nitzberg, K., Gross, J., Kaplan-Sanoff, M., Augustyn, M., and Silverstein, M. (2014). Patterns of mobile device use by caregivers and children during meals in fast food restaurants. *Pediatrics*, 133(4), e843–e849.

[65] Zimmerman, A.G., & Ybarra, G.J. (2016). Online aggression: The influences of anonymity and social modeling. *Psychology Of Popular Media Culture*, 5, 181–193.

[66] Martin, R.C., Coyier, K.R., Van Sistine, L.M., and Schroeder, K.L. (2013) Anger on the internet: The perceived value of rantsites. *Cyberpsychology, Behavior, and Social Networking*, 16, 119–122.

[67] Aboujaoude, E., and Starcevic, V. (2016). The rise of online impulsivity: A public health issue. *The Lancet Psychiatry*, 3, 1014–1015.

[68] Martin, R. (2022). The Anger Project. www.alltheragescience.com.

[69] Martin, R.C., and Vieaux, L.E. (2013). Angry thoughts and daily emotion logs: Validity of the Angry Cognitions Scale. *Journal of Rational-Emotive and Cognitive Behavior Therapy*, 29, 65–76.

[70] Martin, R. (2022). The Anger Project. www.alltheragescience.com.

[71] CDC. www.cdc.gov/violenceprevention/intimatepartnerviolence/fastfact.html.